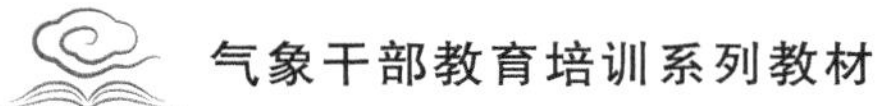

气象干部培训教学案例集（第二辑）

主　编：王志强
副主编：闫　琳　孙　庆　董宛麟

内 容 简 介

为了贯彻落实党中央颁布的《2018—2022 年全国干部教育培训规划》，以及《2019—2023 年全国气象部门干部教育培训规划》的要求，中国气象局气象干部培训学院组织开发并形成一批气象部门学习贯彻习近平新时代中国特色社会主义思想的教学案例，完成了本书的统编工作。按照教学案例采编的完整性、案例内容的典型性和代表性、案例文本写作规范性和合理性及案例在教学中应用的成熟性等原则，选取了 2014—2020 年中国气象局气象干部培训学院和各分院开发的 14 篇教学案例入册，案例主题涵盖气象防灾减灾、生态文明气象服务保障、气象部门科学管理等相关领域。

图书在版编目（CIP）数据

气象干部培训教学案例集. 第二辑 / 王志强主编
. -- 北京 : 气象出版社, 2022.9
ISBN 978-7-5029-7805-1

Ⅰ. ①气… Ⅱ. ①王… Ⅲ. ①气象—教案(教育)—干部培训 Ⅳ. ①P4-41

中国版本图书馆CIP数据核字(2022)第163638号

气象干部培训教学案例集(第二辑)
Qixiang Ganbu Peixun Jiaoxue Anli ji (Dierji)

出版发行： 气象出版社
地　　址： 北京市海淀区中关村南大街 46 号　　**邮政编码：** 100081
电　　话： 010-68407112(总编室)　010-68408042(发行部)
网　　址： http://www.qxcbs.com　　**E-mail：** qxcbs@cma.gov.cn
责任编辑： 张　媛　　**终　　审：** 吴晓鹏
责任校对： 张硕杰　　**责任技编：** 赵相宁
封面设计： 艺点设计
印　　刷： 北京中石油彩色印刷有限责任公司
开　　本： 710 mm×1000 mm　1/16　　**印　　张：** 9
字　　数： 180 千字
版　　次： 2022 年 9 月第 1 版　　**印　　次：** 2022 年 9 月第 1 次印刷
定　　价： 60.00 元

《气象干部培训教学案例集(第二辑)》
编　委　会

主　编： 王志强

副主编： 闫　琳　孙　庆　董宛麟

成　员（以姓氏笔画为序）：

王　堰　何海鹰　张黎黎　段永亮

黄秋菊　盖程程　曾凡雷

前　言

党中央颁布的《2018—2022年全国干部教育培训规划》明确提出，要加强案例教学，开发一批学习贯彻习近平新时代中国特色社会主义思想的教学案例。《2019—2023年全国气象部门干部教育培训规划》也明确指出，组织开发一批气象部门学习贯彻习近平新时代中国特色社会主义思想、体现气象人精神的教学案例。

为贯彻落实以上两个“规划”要求，中国气象局气象干部培训学院近年来持续探索开展案例教学，开发了一批气象部门贯彻落实习近平总书记关于气象工作重要指示精神的、适用于气象干部培训的教学案例，并在2018年出版了《气象干部培训教学案例集(第一辑)》。

本书是《气象干部培训教学案例集(第一辑)》的续编，选取了2014—2020年开发并在教学中使用的14篇教学案例。案例主题涵盖气象防灾减灾、生态文明气象服务保障、气象部门科学管理等相关领域。本书收录的案例均已应用于气象部门中青年干部培训班、中央党校中央和国家机关分校中国气象局党校处级干部进修班、省级及以上气象部门正处级领导干部任职培训班、气象部门地市气象局长任职培训班等气象部门领导干部培训的核心班型中。希望借助本书的出版，能够对气象事业高质量发展起到积极的推动作用。

案例集的编写及出版工作，得到了很多专家学者的支持和帮助，在此深表谢意。同时，欢迎广大同行和读者提出宝贵的意见和建议，帮助我们不断提高案例质量。

本书编委会

2021年5月

目 录

雾锁琼州海峡
——2018年春节海南省大雾锁航防灾减灾案例

曾凡雷[1] 胡玉蓉[2]

(1. 中国气象局气象干部培训学院；2. 海南省气象局)

摘要：2018年春节期间，海口市发生持续10天的罕见性大雾天气，琼州海峡反复停航，上万辆汽车、数万名旅客滞留海口，引发全国关注。海口市及时启动应急响应，各相关部门密切协作，全力开展抗雾保运工作。本案例分别从"琼州海峡概况、海南省旅游产业状况、大雾天气情况、抗雾保运过程、气象保障服务过程"方面，介绍了2018年春节期间海南大雾锁航事件的基本情况，要求学员以"两个坚持、三个转变"的新防灾理念为指导，分析气象防灾减灾工作中的经验与不足，提出意见和建议，通过讨论与反思，提升领导干部的气象防灾减灾工作水平。

关键词：大雾锁航 琼州海峡 领导干部 防灾减灾

2018年春节期间，海口市发生持续10天的罕见性大雾天气，琼州海峡反复停航，上万辆汽车、数万名旅客滞留海口，各大电视台、微博、微信、网站等新闻媒体纷纷报道，吸引了全国的关注。

一、琼州海峡概况

琼州海峡是仅次于台湾海峡和渤海海峡的中国第三大海峡，处于中国广东省雷州半岛与海南岛之间。海峡呈东西向延伸，长约为103.5千米，最宽为39.6千米，最窄处仅为19.4千米，平均水深为44米，最大水深为114米。①

特殊的地理位置使得琼州海峡成为海南省经济社会发展的咽喉要道。受各种因素的制约，琼州海峡2018年尚未建立跨海大桥，客滚运输是进出海南岛除飞机外的唯一交通方式，客滚运输对海南省而言具有特殊的意义。据统计，海南省90%以上的生产生活物资、30%的乘客及所有车辆都通过琼州海峡客滚运输进出

① 海南史志网. 第一节地理位置和自然环境[EB/OL]. (2009-07-24). http://www.hnszw.org.cn/xiangqing.php? ID=44788。

岛,年运送旅客约为 1500 万人次、车辆为 340 万台次。①

海南省交通运输厅的数据显示,琼州海峡客滚运输具有明显的季节性特点,其中,5—11 月为淡季,12 月至次年 4 月为旺季,旺季的运输流量数倍于淡季。

琼州海峡属于南海多雾区,年平均雾日为 18～30 天,一般集中在 1—4 月。为了保障海上交通安全,大雾天气导致海上能见度较低时,琼州海峡通常采取停航措施。

运输旺季常遭遇大雾,海峡一旦封航,就会出现大量进出岛车辆和人员积压,短时间内滞留港口,造成港口车场和候船室爆满,进而造成港口周边道路甚至城市的拥堵。

二、海南省旅游产业状况②

海南省是我国唯一的热带海岛省份,独特的地理位置和热带气候特征,使其拥有包括海岸带观光和热带原始森林等丰富的旅游资源,如沙滩、潜水、山岳、河流、水库、瀑布、火山、溶洞、温泉、原始植被等,这些成为推动海南旅游业发展的天然优势。

旅游业是海南省重要的支柱产业,截至 2018 年,海南省共拥有 6 大省级旅游园区,包括"海口观澜湖、三亚海棠湾'国家海岸'、三亚邮轮母港、儋州海花岛、陵水清水湾、三沙海洋旅游区"等,已经建成 9 个滨海旅游度假区,有 2 个国际机场和 5 个港口。

数据显示,海南省 2013—2018 年的游客观光人数逐年增长,截至 2018 年,海南省的游客总量达 7627.4 万人次,旅游总收入达 950.2 亿元。

春节期间是海南的旅游超旺季。2018 年春节期间,海南全省接待游客 567.55 万人次,同比增长 10.0%,实现旅游总收入 137.23 亿元,同比增长 10.3%。

三、大雾天气情况

冬春季节,是琼州海峡的传统雾季,而海雾的出现往往导致往返琼州海峡两岸间的客滚轮运输停航。但在一般情况下,1～2 小时内雾会逐渐散去,短时间停航不会导致旅客及车辆的大面积积压。根据历史资料统计(2012—2018 年),平均每年约出现 18.43 天、31.43 次、110.23 小时的大雾天气,集中在 1—3 月,最晚出现在 5 月,其中,2 月出现频率最高,1 月和 3 月次之。

---

① 章轲.雾锁琼州海峡凸显运力瓶颈,海南广东港航一体化提速[EB/OL].(2018-02-22).http://www.zgsyb.com/news.html?aid=440397。

② 搜狐网.地理视角下的海南大雾堵车事件[EB/OL].(2018-02-25).https://www.sohu.com/a/223968699_614970。

2018年2月15日凌晨至25日上午，琼州海峡、海南岛北部和东部的部分地区受东南暖湿气流影响出现罕见的连日大雾天气，主要出现时段为夜间至上午。结合气象站观测和人工现场观测，期间琼州海峡及沿岸共出现了10天大雾天气(除23日外)，最长连续时间达8天(15—22日)。

四、抗雾保运过程①

持续性大雾天气造成琼州海峡反复停航，据统计，平均每次停航时间269分钟，最长775分钟，最短13分钟，共计造成新海港停航时间长达76小时以上，秀英港停航到59小时以上。从2月18日，即大年初三开始，叠加春节赴琼旅游返程高峰等多种因素，海口3大港口出岛旅客和车辆严重滞留。经多方不间断交通疏导和应急服务保障，26日基本恢复正常春运水平。

2月18日

受大雾天气影响，海事部门依照天气预报和能见度情况，连续发布停航指令，海口3大港口几千辆过海车辆发生滞留。

根据气象信息及《海口市客货滚装运输突发事件应急预案》，海口市政府18日先后启动了客货滚装运输突发事件应急三级、二级应急响应。

海口市相关部门调用应急力量开展疏运工作，并组织志愿者、社会力量等到各售票点、客运站等做好指导和解释等工作。海口市公安局交警支队、海口市环卫局、海口市民政局等到现场开展交通指挥、环保公厕、物资调配等工作。

2月19日

19日下午，共出现3次停航，造成旅客滞留超4万人，约有1.5万辆小车拥堵，滨海大道、丘海大道等路段全面堵塞。

20时，根据3大港口的拥堵情况，海口市政府启动了客货滚装运输突发事件应急一级响应，并在3大港口分别设立了现场指挥部。

19日晚，海口市政府主要领导主持召开2018年春运港口疏运专题会议部署相关工作，并要求海口市气象局把握好天气预报的准确性和及时性，强化气象和交通预报信息的快捷发布和引导等。

2月20日

海南省委主要领导对大雾导致旅客、车辆滞留情况做出批示，要求海南省、海口市相关部门切实做好交通疏导和服务保障工作。海南省政府领导也做出批示，要求各部门务必高度重视旅客滞留事件，要求海口市和交通、交警等部门主要领导靠前指挥，并加强与广东方面的协调互动，全力做好旅客滞留期间的各项保障工

① 陈丽园.海口“抗雾保运”大事记[EB/OL].(2018-02-27). http://szb.hkwb.net/szb/html/2018-02/27/content_284374.htm。

作,并明确要求气象部门及早提供准确天气预报。

下午,海南省委领导率队到港口现场协调指导工作,并根据现场情况,研究制定加大保障疏运和安全的措施。

2 月 21 日

上午,海南省委主要领导对港口车辆疏导工作做出批示,并赴现场实地走访慰问了滞留旅客;海口市委领导赴湛江市政府开展座谈,研究建立琼州海峡应急处置的长效机制。

2 月 22 日

新海港建成了可容纳 1200 辆小车的临时应急停车场。

22 日上午,海口市委主要领导在春运专题会点赞海口市气象服务工作,表示“气象部门信息准确,请继续与海事部门合作,加密发布”。

2 月 23 日

海口市政府召开春运工作会议传达海南省委领导的相关批示精神,并调研新海港春运服务保障情况。

同时,共青团海口市委等部门整合资源,在港口周边路段设立流动志愿服务点 80 余处。同时,还开辟公交专用车道用于疏散滞留旅客。

2 月 24 日

海口市政府再次召开专题会议,部署安排下一步的“抗雾保运”工作。

2 月 25 日

过海旅客和车辆的通行速度达到往年春运水平,海口市政府召开新闻发布会,宣布自 26 日 00 时起变更海口市客货滚装运输突发事件一级应急响应状态。

2 月 26 日

3 大港口外的过海车辆和旅客持续减少,3 大港运转状态良好。根据《海口市客货滚装运输突发事件应急预案》的相关标准,海口市春运领导小组办公室决定 26 日 10 时 30 分起终止海口市客货滚装运输突发事件应急响应。

五、气象保障服务过程[①]

针对此次大雾天气过程及影响,海南省气象部门加强大雾天气的监测、预报、预警,开展多手段、多途径的气象保障服务,积极主动融入海峡通航应急救援工作。

预报大雾天气情况

春节期间,海口市气象局 1 月 30 日开始,每天发布“春运气象服务专报”,在 2 月 7 日的“春运气象服务专报”中,指出“14 日夜间到凌晨琼州海峡将出现大雾天

① 宋琳琳,胡玉蓉.雾锁琼州海峡　海南气象部门全力保障通航服务[EB/OL].(2018-03-01).http://hi.people.com.cn/n2/2018/0301/c231190-31298429.html。

气，琼州海峡通航气象条件差，提请各部门注意防范”。报送对象包括“市委、市人大、市政府、市政协，市‘三防’办、市国土局、市海洋渔业局、市民政局、市农业局、市林业局、市卫生局、市交通和港航管理局、市教育局、市旅游委、市水务局”。此后在每日春运专报中滚动预报，建议相关部门提早做好交通保障和调度工作，提醒过海车辆和游客提前安排，错峰出行。

2 月 19—22 日，海口市气象局在海口市政府多次召开的专题会议中，对未来 3 天的大雾趋势做了准确预报，并准确预报出 22 日大雾过程将结束，实况表明，琼州海峡在 23 日的通航条件良好。

海南省气象台最早在 2 月 11 日的公众预报中，开始提及 14 日夜间起，琼州海峡早晚有雾，海峡通航气象条件差，并在之后的预报中逐日滚动发布。

2 月 12 日，海南省气象局在向省委、省政府及相关部门报送的“重大气象信息快报”中，特别提出：春节期间本岛东北部部分路段和琼州海峡早晚有雾，能见度较差，建议相关部门注意做好交通安全工作。之后，在 20 日报送省政府的决策快报中，明确指出了琼州海峡大雾天气将在 22 日下午起结束，并提醒交通部门科学调度，旅客合理安排行程。在 24 日发布的未来一周天气预报中，再次明确了琼州海峡可能出现大雾天气的具体时段。

应急保障服务情况

根据气象信息及《海口市客货滚装运输突发事件应急预案》的要求，海口市政府在 2 月 18 日先后启动了客货滚装运输突发事件应急三级、二级应急响应，并在 2 月 19 日进一步升级为一级应急响应，直至 2 月 26 日 10 时 30 分终止。

应急响应期间，海口市气象局迅速启动内部应急机制，取消春节休假，并成立港口疏导气象服务保障领导小组，下设预报服务组、加密观测组、应急保障组、志愿服务组 4 个具体工作组，赴现场开展 24 小时的气象保障服务。

期间，海南气象部门还综合运用多种观测手段（如雷达、卫星、地面、浮标等）对琼州海峡大雾进行 24 小时不间断实况加密观测，观测频次由原来的每 10 分钟 1 次调整为每 1 分钟 1 次。

由于缺少海上大雾观测设备，为了更加精确地提供琼州海峡的气象保障服务，海口市气象局从 2 月 19 日起，派出预报服务人员在海事局琼州海峡船舶管理中心进行 24 小时现场服务，结合现场观测和智能网格预报产品，对三大港口的港池、航道、海峡、对岸港口等开展能见度监测预报，提供“每隔 1 小时发布大雾实况及未来 1 小时和未来 3～12 小时海峡大雾天气实况和通航条件精细化预报，使三大港口实现了分区域、分时段交通管制和通航”。

多部门联合发布预警信息

除做好服务保障工作外，海口市气象局还与市应急、交通、海事、公安等相关部门加强联动会商，从 2 月 20 日 14 时起，每小时发布由海口市气象、交通、海事及湛江市海事部门等联合制作的琼州海峡大雾和通航信息,向海口市领导、相关部门和社会公众等第一时间多渠道、多平台地滚动发布。

此外,海口市政府还组织气象局、海事局、旅游局等部门联合制作综合性提示信息,向海南省各大酒店、媒体等统一推送,提醒游客避开高峰,错峰出行。

为确保大雾期间的基础气象数据准确可靠,气象部门还联合开展了西海岸能见度的设备校准,并加强与中央台、湛江局的信息共享、联合会商、科学研判等。据统计,"大雾锁航期间,海南省各级气象台站共发布大雾预警信号 50 次,其中海南省气象台发布琼州海峡大雾橙色和黄色预警信号 13 次,海口市气象台发布陆地大雾橙色预警信号 10 次,预警信号提前量平均达 6 小时。"

决策与公众气象服务

春运期间,海南省气象局每天滚动发布《春运气象条件预报》,并自 2 月 11 日起,开始预报琼州海峡及海南岛陆地的大雾天气,相关信息及时发送至海南省春运办及海南省灾害应急相关厅级单位。针对本次大雾天气过程,海南省气象局共向海南省委、省政府及相关部门报送决策气象服务材料 6 期,并自 1 月 31 日起,通过手机短信方式每天向有关海南省领导及省"三防"办、省国土厅、省旅游委、省交通厅、省民政厅、省海洋渔业厅、省教育厅等厅局相关责任人发送春运专项预报信息。同时,充分利用国家突发事件预警信息发布系统及海南省气象灾害预警决策平台,共发布大雾预报预警信息达 75 万人次。通过各大媒体平台,如广播、电视、短信、微博、微信、客户端、网站、大喇叭、显示屏、专家访谈等,连续滚动发布灾害性天气预报预警和春运气象信息,其中海南省社会公众接收气象短信人次数达 244 万次,"海南气象服务""海南预警"微博发布信息 1100 条,微信推送信息 26 条。

据统计,海口市气象局在 2 月 15—25 日,通过广播、电视、党政网、国家突发事件预警信息发布系统、手机短信、气象微博、微信工作群、微信公众号、LED 屏等渠道,发布春节天气专报 1 期、春运天气专报 11 期、陆地大雾橙色预警信号 9 次(包括新海港定点大雾预警信号 2 次),转发琼州海峡预警信号 10 次,发布海峡通航条件预报 98 期,通过微博发布港航信息及通航条件预报,转发航运和交通预告等信息 239 篇,通过微信更新天气信息 200 余次,新闻通信稿和大雾科普知识 6 篇,手机短信服务 37 次 18 万余条等。

加强气象灾害科普宣传,及时解答公众疑惑

海南气象部门多次组织对气象专家的采访,对大雾天气及科学应对进行详细的科普,气象部门还与各媒体平台建立了畅通的气象信息发布和更新渠道,包括微博、微信、海南电视台、海南交通广播电台、海南日报等;此外,还通过撰写新闻报道、参加暖心志愿活动等多种方式,正确宣传气象部门服务保障工作情况。

后记

防灾减灾救灾事关人民生命财产安全,事关社会和谐稳定,历来受到党和政府的高度重视，随着技术的进步以及人们对灾害认识水平的提高，防灾减灾能力也不断增强。

为保障大雾锁航等特殊天气、春运、黄金周、瓜菜旺季等期间港航生产秩序和安全出行，海口市人民政府办公厅于2017年12月印发《海口市人民政府办公厅关于印发〈海口市客货滚装运输突发事件应急预案〉的通知(海府办〔2017〕378号)》，预案成员由旅游、宣传、海事、公安、交通、气象等17个单位组成，明确一至三级应急响应期间各部门职责分工，应急响应分级标准主要根据滞留车辆、旅客人数、等待时间和海峡封航时间而定，并要求定期开展应急演练。

2018年5月3日，海南省气象局制定发布《海南省气象局责任清单》，清单中列明了海南省气象局的部门职责、与相关部门的职责边界、事前事中事后监管制度、公共服务事项表等。

2018年10月15日，海南省交通运输厅、海南海事局、海南省气象局、海口市菜篮子办公室和海南港航控股有限公司5方达成了《海陆交通气象服务保障工作框架协议》。

2019年1月，在海口新海港、海口秀英港、徐闻海安新港3部能见度激光雷达组网观测，实现了海峡能见度监测、预警全覆盖，并研发客户端软件，3台雷达组网实现海峡大雾实时监测、智能预警提醒，大雾监测资料与海口海事等部门实时共享。

2019年1月，海口市交通运输和港航管理局发布通告，修改海口港进出港能见度通航标准，能见度距离由原来的低于1000米调整为低于500米，不符合能见度通航标准时，三港口所有船舶不得进出港、靠离泊作业。

2019年2月，海南省应急管理厅联合相关部门在海口开展琼州海峡大雾锁航应急演练桌面推演。这是海南省应急管理厅组建以来首次进行桌面推演。

2019年春节期间，海南省针对大雾锁航问题首次成立海南省春运工作应急指挥中心，强化组织指挥和统筹协调，同时加快补齐短板，促进琼州海峡能力、效率、服务、安全全面提升。

2019年7月，海南省人民政府办公厅制定《海南省琼州海峡大雾锁航应急预案》，进一步细化各部门职责，气象部门负责大雾气象监测、预报、预警工作，及时发布天气预报预警信息。

2019年8月，海南联合广东印发《琼州海峡客滚运输班轮化运营特殊情况下的应急疏运方案(试行)》以及《2019年度琼州海峡客滚运输班轮化运营班期方案》，其中包括大雾等恶劣天气停航2小时以上启动应急疏运。

2020年，琼州海峡客滚运输进入班轮化运营时代。琼州海峡北岸成立了广东徐闻海峡航运有限公司，统筹原来3家航运公司29艘广东籍船舶，实现“统一经营、统一管理、统一调配”。

2020 年 1 月 3 日，琼州海峡客滚运输联网售票系统正式全面启用。通过该系统，司机旅客可提前网络购买各港船票，变原来的“无序”过海为“有序”“有计划”过海。

2020 年，第一次全国自然灾害综合风险普查正如火如荼地进行，气象部门承担着全国气象灾害风险普查的职责和任务，相信本次大雾锁航事件将被统计在内。

【思考题】

1. 导致本次大雾锁航发生的影响因素有哪些？
2. 如何评价案例中气象部门发挥的气象防灾减灾第一道防线作用？
3. 结合工作实际，谈谈如何推动新时期的气象防灾减灾工作？

【要点分析】

2018 年海峡大雾锁航过程是由气象因素引发的具有典型灾害链特征的突发事件，影响事件的主要因素包括：极端大雾天气、脆弱的琼州海峡交通条件、春节期间旅游旺季和返程高峰等。此外，相关部门提前准备不足、港航企业运营管理与信息化水平较低、安全通航标准偏高等也是影响事件发生的重要方面。

事件中气象部门虽然提前 7 天做出了大雾天气的预报预警，并及时提供了相关的气象服务，但是，事件的发生也凸显出气象部门存在针对局部性、小尺度极端天气的监测能力不足，预报精细化水平有待提升，预警服务的产品不够精细，服务手段和途径不足，灾害风险防范的支撑作用发挥不够明晰等问题。

新时期气象防灾减灾工作要以“两个坚持、三个转变”的理念为指导，把各项工作与气象灾害风险管理的相关要求相结合，以更好实现综合防灾减灾的目标。

灾害风险管理的周期可分为“减灾、备灾、应急、救灾、恢复重建”5 个阶段，不同阶段面临不同的防灾减灾任务。减灾阶段主要是在常态场景下，开展各项风险防范相关的工作。通常包括“制定减灾的政策法规、开展风险调查与评估、制定减灾规划及应急预案、实施减灾工程、开展科普宣传”等任务。备灾阶段是指政府、社会团体和个人在灾前针对灾害风险情况所作出的响应措施。通常包括“风险监测、风险评估、风险预警、物资储备”等任务。应急阶段是指灾害发生后相当短的时间内所采取的紧急措施。通常包括“物资人员调度、灾民搜救与转移安置、综合信息处理、灾情快速评估”等任务。救灾阶段是指在灾情尚未稳定前乃至稳定后，根据灾区需求，拨付救灾资金和物资，为灾民提供必要的食品、清洁水、医疗援助、心理干预、救灾帐篷等援助，并进行灾害趋势预测、灾中风险评估、救灾效果评估等相关工作。恢复重建阶段是指灾情稳定后，对灾区的恢复重建工作，一般需要政府及社会各界的共同努力。该阶段需要对灾区受灾情况进行全面调查和评估，修复和重建损毁的设施，使灾区尽快恢复正常。

气象防灾减灾第一道防线的核心内涵主要体现在充分发挥气象灾害的“监测预报先导作用、预警发布枢纽作用、风险管理支撑作用、应急救援保障作用等”。只有以灾害风险管理科学为支撑，将气象部门工作充分融入国家各项防灾减灾工作中，才能更好地发挥气象防灾减灾第一道防线作用。

坚持底线思维　防范化解气象灾害风险
——1614号超强台风"莫兰蒂"防御防灾减灾案例

盖程程

(中国气象局气象干部培训学院)

摘要:2016年,超强台风"莫兰蒂"以15级风速强度在福建省厦门市沿海登陆,造成极为严重的损失,导致城市受淹、房屋倒塌、基础设施损坏、水电路通信中断。其中厦门市直接经济损失为102亿元,但与巨大的财产损失形成鲜明对比的是,此次超强台风在厦门仅1人因灾死亡,2人重伤。习近平总书记在十八届六中全会的工作报告中,特别提到了厦门抗御台风"莫兰蒂"工作的成效,给予高度评价。国家防汛抗旱总指挥部称赞厦门创造了防抗台风史上的"奇迹"。本案例围绕1614号超强台风"莫兰蒂"登陆的时间线展开,介绍了超强台风"莫兰蒂"防御的决策部署全过程。

关键词:台风　莫兰蒂　应急管理　防灾减灾

一、台风"莫兰蒂"的基本情况

台风"莫兰蒂"是1949年以来登陆闽南的最强台风,鼎盛时风速强度达到17级(70米/秒),具有强度强、风力猛、雨强大的特点,又恰逢天文大潮期,风、雨、潮三碰头加重了灾害损失。这次台风造成的危害主要在福建省人口最集中的闽南地区,导致城市受淹、房屋倒塌、基础设施损坏、水电路通信中断,特别是厦门全城电力供应基本瘫痪、全面停水,泉州、漳州大面积停电,经济损失极为严重。据福建省防汛抗旱指挥部统计,截至16日21时,全省9个设区市和平潭综合实验区的86个县(市、区)179.58万人受灾,紧急转移65.55万人;由于受灾面广,各地因灾死亡18人(福州2人、厦门1人、泉州9人、漳州5人、宁德1人),失踪11人(福州1人、泉州8人、漳州1人、宁德1人)。福建省直接经济总损失达169亿元,其中水利设施损失为18亿元。厦门市直接经济损失为102亿元,1人因灾死亡,2人重伤。[①]

---

① 福建省人民政府防汛抗旱指挥部.福建省防抗超强台风"莫兰蒂"工作情况[EB/OL].(2016-09-17).http://slt.fujian.gov.cn/wzsy/slyw/201609/t20160917_2838269.htm。

二、气象监测预警：筑牢第一道防线

福建省气象局：提早预报，及时制作和发布各类预报预警产品，准确预报大风、暴雨的量级、落区和影响时间，充分体现预报服务的精细化水平。将精准的预报预警信息第一时间送达各级领导，把防灾信息及时送达公众，让决策者高效指挥，提醒公众自我防范，从而最大限度减少损失。

从台风“莫兰蒂”的前身热带低压系统刚刚生成，它的行踪就被紧紧盯住。气象部门从 9 月 9 日起就全程跟踪，密切监视，开展服务，发出一个个准确的信息……

10 日 14 时在西北太平洋洋面上生成。

10 日 16 时预报“莫兰蒂”将于 14 日进入 24 小时台风警戒区。

11 日 20 时 45 分明确“莫兰蒂”将于中秋节前后影响福建省。

12 日凌晨发展为超强台风。

12 日 11 时 20 分发布台风预警四级，并强调“莫兰蒂”可达超强台风，可能于 15 日上午在闽粤沿海登陆。

14 日 08 时 50 分发布台风预警一级，随后进一步明确“莫兰蒂”将以强台风级别在厦门到漳浦沿海登陆。

14 日下午由台湾南部海域进入巴士海峡。

15 日 03 时 05 分在福建省厦门市翔安区沿海登陆，登陆时中心最大风力为 15 级(48 米/秒)；“莫兰蒂”登陆后强度逐渐减弱，并继续向西偏北方向移动横穿福建省。

15 日 23 时前后进入江西境内。

17 日 02 时在黄海南部海域变性为温带气旋，中央气象台停止对其编号。

福建省气象局全程靠前服务，直接向福建省委书记、省长解读台风风雨影响，强调注意强风防范，提出重点防范区域和时间，建议提前预置兵力。各级气象部门应地方政府要求，均派出技术人员进驻当地防汛抗旱指挥部，开展贴身服务，提供及时信息，当好气象参谋。全省各类媒体第一时间、全方位发布台风预警信息，所有电视节目不间断滚动播出字幕，引导群众自觉防范台风危害。启动台风红色预警信息发布“绿色通道”，面向全省手机用户全网发布台风和暴雨红色预警信息。连续几天，气象专家与厦门电视台合作推出《奋战“莫兰蒂”》，进行气象连线。12 小时的整点直播，不仅牵动厦门数百万人的目光和神经，而且让人们真实地看到气象台全景式观测台风“莫兰蒂”的情景，是警示、警报，也是最有说服力的全民总动员。[①]

① 沈世豪. 生命至上 厦门抗御“莫兰蒂”超强台风纪实[M]. 厦门：厦门大学出版社，2017。

中间还有一段小插曲:9 月 14 日下午,受台风"莫兰蒂"的风圈影响,海上和陆地的风明显加大,有台风将至的感觉。但到了傍晚,风力略有减弱,不少市民打电话到厦门市气象台询问情况,是否"莫兰蒂"和厦门擦肩而过?是预报出了偏差吗?是不是台风过去了?

图 1 反映的是五缘大桥逐时的平均风速和极大风速,可以看到大风迅速增强的过程。厦门市气象台首席、预报员会商后,果断判断 15 日 00 时开始,当台风大风圈开始影响厦门市时,风力会再次明显加大。实测强风起风时刻在 00 时 15 分左右,强风的起风时刻预测与实况基本吻合,为台风来临前的抢险以及指挥部署提供了科学依据;15 日 03 时左右,五缘湾大桥风速达到 66.1 米/秒,破历史纪录。15 日凌晨各大桥封桥以后,地方政府各部门对于强风减弱的时刻非常关注。厦门市气象台首席、预报员会商以后,判断 15 日 05 时以后风力会开始慢慢减小,至 06 时 30 分左右风力会减小到 9 级以下,各大桥可恢复通车,此结论直接由厦门市气象局局长向各防汛领导服务。06 时 30 分各大桥解封,已经待命的厦门数千支救援队立即奔赴岛外抢险救灾。

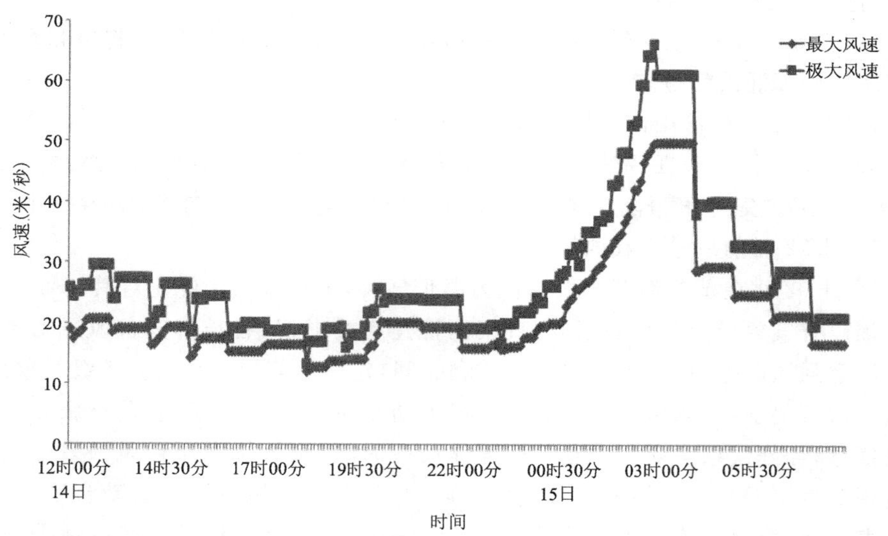

图 1 五缘大桥逐时的平均风速和极大风速[①]

① 最大风速是指给定时段内的 10 分钟平均风速的最大值。极大风速是指给定时段内的瞬时风速的最大值。说得简单点就是最大风速是个平均值,极大风速是个瞬时值。在指定的同一时段内,极大风速永远大于或等于最大风速,绝大部分情况下极大风速大于最大风速。

三、福建省：科学部署指挥

党中央、国务院高度重视防汛防台风工作。习近平总书记、李克强总理和汪洋副总理多次对台风防御工作作出重要批示。9月12日，李克强总理和汪洋副总理专门就防御14号台风“莫兰蒂”做出重要批示，提出明确要求。

国家防总、水利部、民政部统一部署，分别启动防汛防台风二级和救灾四级应急响应，并派出3个工作组到福建检查指导。福建省委、省政府全面组织动员，全省党政军民团结一心、众志成城，采取前所未有的科学举措，奋起防抗台风。

11日下午，福建省防汛抗旱指挥部组织防汛、气象、海洋、水文等部门，首次会商台风“莫兰蒂”的发展趋势及对福建的影响。此后，位于福州东大路229号的水利水电大厦22层的福建省防汛抗旱指挥中心连续多个晚上灯火通明，工作人员在此度过了一个个不眠之夜。

14日08时50分，福建省气象局发布重要天气预警报告：《莫兰蒂将于15日凌晨在厦门到汕头沿海登陆》（2016年第82期）。福建省委、省政府领导在上面做出批示，明确首要目标是确保人员安全，并把损失减到最小，做到有备无患，采取超常规措施，周密部署，守土有责。

“这次台风影响最大在半夜，领导干部要到位，特别是在夜里要少睡点觉，应该到一线去就到一线去，应该到指挥部就到指挥部去。”14日上午，福建省防汛抗旱指挥部召开全省视频会议，部署防抗台风工作。

这次防抗台风的目标是“不死人、少损失”。福建省委、省政府从实际出发，“六问”领导干部，要求各地各部门要及时排查灾情，做好预案，“一旦有情况，怎么报警？怎么转移？老弱病残怎么办？孤寡老人怎么办？哪些由干部组织群众去帮助？哪些由部队去救援？这都要考虑，一定要做到有备无患。”①

14日21时，福建省气象局的有关同志在汇报情况时，讲到“台风登陆点附近将造成毁灭性灾害”，并划出以漳州与厦门交界处沿海为原点、半径为50千米范围的“灾害核心区”，引起福建省委、省政府领导的极度重视和在座人员的惊叹。福建省委主要领导马上亲自给“核心区”内的主要领导一一打电话，确认闽南沿海三市的防抗台风工作，并再次就防抗台风工作进行部署。

15日03时05分，“莫兰蒂”在厦门市翔安区沿海登陆，登陆时风力达15级，是强台风级别。这是当年登陆我国大陆的最强台风，也是1949年以来登陆闽南的最强台风，鼎盛时风力达到17级（风速为70米/秒）。当天一早，福建省委主要领导又一次赴福建省防汛抗旱指挥部，与台风正面袭击地区的党政主要领导和电力

---

① 詹托荣. 福建抗击超强台风“莫兰蒂”纪实：一场风雨中的超常规“战役”[EB/OL]. (2019-09-18). http://news.cnr.cn/native/gd/20160918/t20160918_523142935.shtml。

部门负责人通话。

狂风呼号、暴雨如注,“莫兰蒂”登陆前夜是个不眠之夜,“三个提前”逐一落实——提前划定防范重点区、提前预置救援力量、提前转移人员。提高防灾效益,切实保护人民生命财产安全。

各有关部门合力推进:气象部门加强上下联动、会商研判,准确预报台风发展趋势,加密预报并发布暴雨预警,派出技术人员进驻当地防汛抗旱指挥部,开展贴身服务,及时提供信息;水利部门加强水库堤防巡查和洪水预报,优化水库调度,减轻下游防洪压力;海洋渔业部门及时发布海况预警信息,及时转移渔船和渔排人员,加大监管执法工作力度,严格管控渔船;海事部门指挥各类船舶规避风险,落实客渡船停航、施工船舶撤离和港区作业船舶离港避风;国土部门落实应急准备,提前安排地质灾害应急技术队伍下基层;交通部门调集 5200 多名应急人员,针对交通建设工地、运输船舶、内河渡口、对台航线、三大港区、道路客运等落实停工、停航、停运;住建部门挂牌监管 8132 个在建项目,落实防风防涝措施;公安部门加强巡查和交通管制,累计出警 4.8 万人次,维护社会秩序,解救受困群众 3152 人;民政部门提前调运帐篷、食品、饮用水等救灾物资,做好灾民救助工作;卫计部门集结 3 支紧急医学救援队伍、传染病防控队伍、食物中毒处置队伍和水质监测队伍,随时应对突发状况;发改、经信等部门指导做好沿海重点项目和危化品设施防台风工作;电力部门集结应急抢修队伍,第一时间抢修受损线路设施;旅游部门提前关闭沿海沿江景点,疏导游客避开台风影响;教育部门及时通知各地中小学校、幼儿园停课;其他有关部门也各司其职、各尽其责,形成了强大合力。①

风雨就是命令,险情就是战场……

四、厦门市:“三停一休”史无前例

根据最早的气象预测,台风“莫兰蒂”的正面登陆地点并不是厦门,而是厦门的周边地区。然而,台风“莫兰蒂”即使在厦门周边地区登陆,根据其走向和结构,也必然给厦门带来异常严重的威胁,不可掉以轻心。根据厦门市气象局发布的台风消息和《厦门市防洪防台风应急预案》,厦门市于 12 日 11 时启动防台风四级应急响应。

“莫兰蒂”逐步向我国东南沿海逼近。

厦门市于 13 日 10 时启动防台风三级应急响应。从启动防台风三级响应开始,厦门市防汛抗旱指挥部的成员单位领导、有关专家、技术人员都陆续进驻指挥部,厦门市委、市政府主要领导到指挥部坐镇指挥,一起共同研究问题,处理各种突

① 福建省人民政府防汛抗旱指挥部.福建省防抗超强台风“莫兰蒂”工作情况[EB/OL].(2016-09-17).http://slt.fujian.gov.cn/wzsy/slyw/201609/t20160917_2838269.htm。

发情况。

根据厦门市气象局发布的台风消息和《厦门市防洪防台风应急预案》，厦门市于13日14时启动防台风二级应急响应。

9月14日06时15分，厦门市气象局将气象灾害（台风）二级应急响应提升为气象灾害（台风）一级应急响应。根据厦门市气象局08时10分发布的台风紧急警报和《厦门市防洪防台风应急预案》，厦门市防汛抗旱指挥部决定于14日09时启动防台风一级应急响应。

以人为本、保护人的生命安全是指挥部署和决策的出发点和落脚点。厦门市市长在13日、14日30个小时内连续召开4次视频会议，全面周密部署各项防御工作，不留任何安全死角，特别强调“凡不是住在钢筋水泥建造房子里面的人员必须全部撤离”。各级各部门按照预案和视频会议的要求，全面动员部署，工作适当提前，各项任务迅速分解到相关责任单位和具体人员，确保任务到岗、责任到人。从9月13日开始，连续发出4份有关人员转移的通知，大规模的人员转移工作有序展开。确保转移人员有饭吃、有衣穿、有干净水喝、有临时安全住所、有病能及时就医。严防转移人员擅自返回，严格控制人员随意流动，避免发生意外。

随着“莫兰蒂”的步步逼近，厦门市防汛抗旱指挥部发出的指令也不断升级。14日中午，指挥部再次发出《关于进一步做好转移避险工作要求的紧急通知》，要求再次彻底排查低洼地带、危旧房屋、工棚、简易搭盖房、地质灾害点、高边坡、海上渔船、无动力船只等各危险区域。各区在原先转移的基础上，继续加大动员力量，又转移了近万人。各级干部坚决执行人员转移的指令，采用地毯式排查、果断精准转移，完成这项艰苦、细致、牵扯面大的灾前防护工作。有人比喻这次人员转移，就像用“篦梳子梳头”，反复多次梳，不留一个人、不留一个死角、不留一点漏洞。那些原来心存侥幸、不愿撤离的群众，在“莫兰蒂”过后回家一看，居住的房屋被台风摧毁得面目全非，他们才庆幸又感激地说，多亏了政府帮忙及时转移，才躲过这场灾难。

厦门市气象局局长连续2天2夜在厦门市防汛抗旱指挥部向领导汇报台风的情况，把台风的最新信息和未来可能性告诉地方政府和相关部门。厦门市防汛抗旱指挥部于14日下午首次发布了“三停一休”的防台动员令。根据动员令，从14日15时30分开始到防台风应急响应结束之前，厦门全市实行“三停一休”（即停工（业）、停产、停课、休市），特别强调做好人员转移工作，不留死角、不漏一人。

厦门市防台风防汛动员令

全体市民：

根据气象、水文、海洋部门预测，今年第14号台风“莫兰蒂”将于9月15日凌晨至上午在我市附近登陆，有可能正面袭击我市。台风“莫兰蒂”是今年全球范围内强度最强的台风,也是新中国成立以来影响闽南地区最大的台风,台风登陆过程将带来强风、强降雨和风暴潮,对我市造成严重影响。经市防汛防旱指挥部研究决定:

一、从9月14日15时30分开始到防台风防汛一级应急响应结束之前,在全市范围内实行“三停一休”,即停工(业)、停产、停课、休市,动员员工提前下班回家。

(一)我市各景区停止开放,各商场、娱乐场所、餐饮店停止营业,各施工工地停止施工。

(二)全体市民和游客务必留在室内,切勿随意外出。

(三)取消中秋博饼等各类聚会。

(四)取消各类机构教育培训工作。

(五)及时对广告牌和阳台摆放物等进行转移加固,防止高空坠物。

(六)准备防汛物资,防止地下停车场等积水淹水。

(七)港口、施工工地等龙门吊、塔吊要提前下降,做好防护措施。

(八)机场飞机要做好转移固定工作。

二、各抢险救灾和民生保障单位要采取措施做好供水、供电、供气、交通、通信、民政、医疗防疫、主副食品供应等救灾救助准备工作。各级公安交通管理部门要安排警员上路指挥确保交通安全。各级民政部门开放避险场所供群众避风避险。

当前,我市防台风和防汛形势非常严峻,请全体市民坚决按照国家防总和省委、省政府以及市委、市政府的部署,始终坚持生命至上的原则,切实保障人民生命和财产安全,全力夺取防台风和防汛工作的全面胜利!

厦门市人民政府防汛抗旱指挥部
2016年9月14日14时45分

厦门在防抗“莫兰蒂”台风过程中的主要做法可以概括为:一是指挥部署到位。市领导坐镇指挥部署;点对点精准指挥部署;全市防御工作部署早;加强水库科学调度;超常规发布全市动员令。二是领导干部到位。市领导“跑现场”;各区领导干部“扎一线”;镇(街)村(居)干部“抓落实”;全市防汛应急单位“守岗位”。三是人员转移到位。海上转移范围创历史之最;陆上转移人数创历史之最;妥善安置转移人员。四是宣传引导到位。提前筹划部署,及时提供权威信息;有效组织推进,精准把握节奏重点;快速击破谣言,澄清是非稳定民心。五是抢险救灾到位。福建省委、省政府举全省之力支援厦门;厦门市委、市政府以最快速度开展救灾工作;全市党政军民用最强合力并肩作战。

五、灾后重建:展现厦门速度

“莫兰蒂”登陆后,厦门市满目疮痍:简易搭盖房全部倒塌;65万多株树木或倒伏或被拦腰折断或被连根拔起，大街小巷到处是倒伏和折断的树木，还夹杂着广告牌、残枝败叶、电线杆等；地势低洼处积水严重，大量车辆泡在水中或是被倒下的树木压塌；厦门电网受到重创，水厂由于外线断电无法供水，部分基站断电而使得通信信号中断，路面树木横倒，公交车停运。停水、停电、交通瘫痪，“莫兰蒂”严重威胁厦门城市生命线系统。

15日05时，“莫兰蒂”的余威还在，指挥部发出灾后的第一道通知，06时，召开灾后重建第一次工作部署会。指挥部大楼四周都是水，参加会议的同志徒步赶来，涉水爬楼，光着脚开会。随后，市领导们到现场查看灾情、了解受灾情况，现场指导灾后重建工作，深入一线督导救灾复产工作。福建省政府主要领导第一时间赶到厦门，并现场指导灾后重建和恢复生产工作。15日08时，指挥部发布《厦门市防台风防汛2号动员令》，号召全市市民、企业和单位积极行动起来，全力以赴做好灾后生产生活秩序恢复工作。15日20时，市委、市政府召开台风“莫兰蒂”灾后恢复重建第二次动员会，成立恢复重建工作领导小组，下设14个工作组，统筹各项工作，全力推进灾后恢复重建。17日，指挥部发布了《厦门市防台风防汛3号动员令》，呼吁全市各界迅速行动起来，参与灾后重建。①

驻闽部队第一时间响应厦门市政府号召，主动请战，及时深入抗灾一线救灾，加固堤坝、扶正移栽树木、搬运垃圾、清理疏通道路、转移救援群众、内涝排水，参与电力设施、输电线路抢险……针对电力设施破坏面大，福建省电力公司调集了全省70%的电力抢修力量，投入抢险攻坚。倒伏的65万株树木，扶正移栽的黄金时间只有5～7天，这项浩大的工程得到了福建省住宅建设厅、省林业厅和周边地市的支援，网格化推进，分片包干。3天后，城市干道、高速公路恢复通行；5天后，145万停水用户正常供水；6天后，62万停电用户恢复供电；10天后，65万株倒伏树木清理、植活。通过各方努力，创下了超强台风灾后恢复重建的“厦门速度”。

【思考题】

1. 防台的目标是什么？
2. 灾害性天气是否必然升级为重大气象灾害？
3. 经济发展是否必然带来社会安全？

【要点分析】

本课程旨在通过展现2016年超强台风“莫兰蒂”防御的决策部署过程，探讨筑

① 夏军. 台风防御与灾后重建——2016年第14号台风“莫兰蒂”[M]//中共中央党校（国家行政学院）应急管理培训中心. 应急管理典型案例研究报告（2018）. 北京：社会科学文献出版社，2018。

牢“气象防灾减灾第一道防线”的作用及防范化解气象灾害风险的共性问题。树立“以人为本”的理念,增强过程管理的能力,重视源头治理的基础。

课程以 1614 号超强台风“莫兰蒂”防御为核心案例,通过案例教学,把领导干部防范化解气象灾害风险的核心工作归纳为“理念、能力、基础”(图 2),即执政理念(以人为本)、执政能力(过程管理)、执政基础(源头治理)。

一是执政理念,厘清“防台的目标是什么”这个根本性问题。通过进行习近平总书记关于发挥气象防灾减灾第一道防线作用的理念溯源,回顾习近平总书记主政浙江期间的台风防御工作,如 2005 年 5 号台风“海棠”、9 号台风“麦莎”和 15 号台风“卡努”。阐述“三个不怕”(不怕兴师动众、不怕“劳民伤财”、不怕十防九空)背后的学理内涵。“宁听群众一时骂声,不听群众事后哭声”彰显了为民情怀。论述民心是最大的政治。

二是执政能力,探讨“灾害性天气是否必然升级为重大气象灾害”这个关键问题。从防御台风的过程管理展开,风险防控体系包括:情报、指挥、控制、协调、沟通。对超强台风“莫兰蒂”的过程管理集中体现了指挥部署到位、领导干部到位、人员转移到位、宣传引导到位、抢险救灾到位。用学理去分析现实背后的原因,灾害风险原理的三圈理论(致灾因子、暴露度、脆弱性)。探讨为何“针尖大的窟窿能漏过斗大的风”,论述防范是最大的本领。

三是执政基础,探究“经济发展是否必然带来社会安全”这个发展问题。“发展起来以后的问题不比不发展时少。”越是经济社会向前发展,越是现代化程度不断提高,越是不能忽视可能发生的风险。2005 年美国卡特里娜飓风中新奥尔良防洪堤溃塌的背后是官员进行风险治理的内生动力不足,这是风险治理失灵的深层次原因。阐述“功成不必在我、功成必定有我”的深远意义。要着眼长远,注重源头治理投入,加大公共安全基础设施建设力度,提高设防标准,认识到安全是最大的责任。

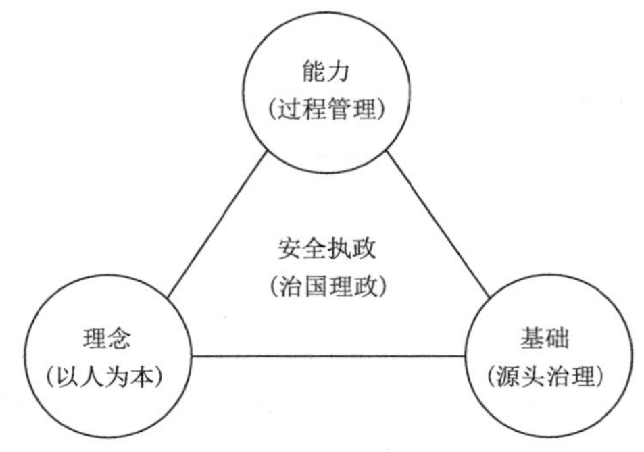

图 2　案例分析框架:“理念—能力—基础”模型

古有李冰治水　今有气象防灾
——四川省都江堰市“7·10”特大山体滑坡灾害防灾减灾案例

袁晴雪　杜昌萍

（中国气象局气象干部培训学院四川分院）

摘要：2013年7月10日四川都江堰因持续性特大暴雨引发了特大山体滑坡灾害事件，给人民生命和财产安全带来巨大威胁。课题组于2018年多次赴四川省气象服务中心、成都市气象局、都江堰市气象局，对2013年四川都江堰“7·10”特大山体滑坡灾害事件走访调研。案例基于相关人员多次访谈，结合大量档案资料，采用文献分析法编写而成。按照监测预警、应急响应与处置、灾害调查与评估的时间顺序再现这次气象灾害应急管理及气象服务的主要过程。要求学员牢固树立以人民为中心的发展思想，坚持以防为主、防抗救相结合的防灾策略，完善工作、协调、联动等机制。

关键词：都江堰市气象局　防灾减灾　特大山体滑坡

2013年7月8日20时—10日20时，受副热带高压边缘西南暖湿气流、高原低值系统和地面冷空气的共同影响，四川盆地西部出现了区域性暴雨天气过程，这次强降雨呈现出持续时间长、影响范围广、危害性大等特点，都江堰市位于本次降水中心区域，最大过程降雨量出现在都江堰市幸福镇石马村，达到1108.3毫米。7月10日10时30分左右，中兴镇三溪村一组一处山体突发特大型高位山体滑坡，在滑坡发生短短两分钟内，三溪村一组五里坡11户农家乐民宿就被全部吞噬。经过全力搜救，最终因灾死亡与失踪161人；农作物受灾面积12405.6公顷；倒塌房屋317间，损坏房屋3353间；直接经济损失28.62亿元。①

一、灾前：遭遇四川省有气象记录以来第一大暴雨过程

2013年6月30日，四川省气象局在天气旬报中向各专业用户发布了“由于副热带高压边缘西南暖湿气流和地面冷空气的共同影响，四川盆地西部龙门山脉将在7月8—10日迎来一场强降水过程天气，本次过程雨区集中、移动性差、持续时

① 四川省气象服务中心. 都江堰“7·10”特大滑坡灾害气象服务分析评价[R]. 2013-08-10。

间长、总量大、强度极强……”这一重大天气过程。

7 月 5 日(星期五)

成都市气象局组织中期天气会商,明确提出 8 日前后有明显降水天气过程。

7 月 6 日(星期六)

都江堰市气象台 14 时发布气象信息快报,指出 7—10 日进入雷雨高发期,明确主降水时段。四川省政府领导高度重视此次天气过程,明确指示,凡气象局预报有强降雨的地方,一定要迅速组织隐患区域的群众转移。

7 月 7 日(星期日)

16 时 10 分都江堰市气象局发布重要天气消息和地质灾害三级预警。决策气象信息上报都江堰市委办、市人大办、市政府办、市政协办及有关单位。

7 月 8 日(星期一)

都江堰市 7 日 20 时—8 日 8 时,天空淅淅沥沥地下起了小雨,累计雨量为 15.2 毫米,08 时后雨量迅速增加。

16 时,都江堰市气象局发布暴雨天气消息和地质灾害三级预警。

21 时,都江堰市气象局发布雷电黄色预警和暴雨橙色预警。

23 时,都江堰市气象局地质灾害预警升级为四级。都江堰市气象局迅速与应急、防汛、国土、安监、房管、建设、交通、旅游等部门进行防御联动,滚动提供预报预警和雨情,并实时开展会商讨论,共同加强地质灾害、江河防汛、城镇内涝等灾害防御。

都江堰市政府紧急传达了四川省委、成都市政府防汛电视电话会议精神:强化监测、预报、预警、服务、信息报送,全力以赴做好暴雨气象应急保障。

都江堰市气象台会商室里灯火通明,24 小时加密视频会商正在进行中。随着窗外越来越大的雨声,会商室里几双熬红的眼睛紧盯着雷达回波图、卫星云图和雨量监测系统,预报员利用四川省气象局自主开发的“西南区域精细化预报业务系统”“四川省山洪、地质灾害气象预报系统”“数值预报衍生产品系统”“四川省、市、县三级天气预报业务平台”等,不断订正强降雨的落区和量级,平台中的服务业务产品共享,也让四川省、市气象局的专家领导可以第一时间指导和检查工作,时间一分一秒地过去,预报员们丝毫不敢松懈。强降雨即将袭来,一场暴雨应急响应战即将打响……

7 月 9 日(星期二)

随着雨量的不断增大,四川省气象台与都江堰市气象台不断进行会商,分析研判天气趋势。都江堰市气象局进入了异常忙碌和紧张的工作状态,一条条预警信号的发布,一次次预警等级的提高,都牵动着每个都江堰气象人的心。

03 时,都江堰市所有自动气象站启动 10 分钟 1 次的加密雨量观测。

06 时 20 分,都江堰市气象局将暴雨预警信号提升到最高级别,都江堰市气象局历史上首次发布了暴雨红色预警信号，当日都江堰市降雨量达292.1毫米。

06时30分，都江堰市气象局发布地质灾害四级预警和暴雨天气消息。

08时，都江堰中兴镇政府开始对三溪村一组50余名群众和其他避暑人员实施了转移。

16时30分，都江堰市气象局发布地质灾害四级预警。

21时10分，都江堰市气象局发布暴雨黄色预警信号。

22时，通过视频连线四川省委主要领导，在听取了四川省气象局关于气象监测预报最新情况的汇报后，直接部署各地防汛减灾、水情调度等各项工作。

22时10分，都江堰市气象局将暴雨预警信号升级为暴雨橙色预警信号。都江堰市气象局向全市自来水公司、所有小区物业发布预警及提示信息10多次，随着降雨强度的不断增加，预警等级一次次提高，奋战在一线的都江堰气象人对24小时预警服务从未间断。

在此次灾害天气过程中，四川省、市、县各级气象部门均提前发布暴雨及地质灾害预警信息，详情见表1。

成都市气象局通过传真、邮件、短信、电话及专人送达等方式适时向党委政府、相关部门报送气象服务信息。共报送气象信息快报7期、重要天气专报4期、暴雨重要天气消息4期、地质灾害气象预报预警7期，发布短时临近预报9期、暴雨预警信号20期。向各级政府及防汛、地质灾害、建设工地、地铁、社区、物业、基层气象信息员等防灾责任人发布气象预报预警及雨情通报短信70万条。

利用手机短信、网络、电视、电台、大喇叭、显示屏、微博、微信等各种媒介，搭建起气象预警信息发布"直通车"。四川省气象局共发布手机短信和彩信预警1552条（决策442条、公众960条、彩信150条），决策短信发布1134万人次，公众短信发布3000万人次。德阳、成都、雅安气象和应急、通管等部门全网发布红色预警短信2831万条。此外，预警信息还在四川省、市、县级电视节目中滚动播出，其中四川卫视发布预警4次，滚动播出预警信号22次，发布地质灾害气象风险预警5次。

表1　"7·10"重大滑坡灾害四川省、市、县气象部门预警信号发布时间和发布等级表①

单位	预警发布时间	预警信号等级	预警提前量	预警天气出现时间
四川省气象台	7月7日16时	暴雨蓝色预警信号	约4小时	7月7日20时
	7月8日7时30分	暴雨黄色预警信号	8小时	7月8日16时
	7月8日20时	暴雨橙色预警信号	4小时	7月9日00时
	7月9日10时10分	暴雨红色预警信号	—	—

① 四川省气象服务中心.都江堰"7·10"特大滑坡灾害气象服务分析评价[R].2013-08-10。

续表

单位	预警发布时间	预警信号等级	预警提前量	预警天气出现时间
成都市气象台	7月8日21时	暴雨橙色预警信号	—	—
	7月10日8时	暴雨红色预警信号	—	—
都江堰市气象局	7月7日16时10分	地质灾害三级预警	66小时20分	7月10日10时30分
	7月8日20时50分	雷电黄色预警信号	—	—
	7月8日21时10分	暴雨橙色预警信号	—	—
	7月8日16时	地质灾害三级预警	42小时30分	7月10日10时30分
	7月8日21时10分	暴雨橙色预警信号	—	—
	7月8日23时10分	地质灾害四级预警	35小时20分	7月10日10时30分
	7月9日6时20分	暴雨红色预警信号	—	—
	7月9日16时30分	地质灾害四级预警	18小时	7月10日10时30分
	7月9日21时10分	暴雨黄色预警信号	—	—
	7月9日22时10分	暴雨橙色预警信号	—	—
	7月10日4时10分	暴雨红色预警信号	—	—

二、灾害来临时:梦魇般的120秒

7月10日(星期三)

04时10分,都江堰气象局再次发布暴雨红色预警信号。

09时,都江堰市气象局通过联动国土和防汛部门,防汛部门联动政府。都江堰应急办利用气象信息员和对讲机将地质灾害预警信息传递给各乡镇;各乡镇在收到预警信息后,派出镇村干部、巡逻员到各个有可能发生地质灾害的地点蹲守,拉起警戒线,组织转移60余名三溪村群众和其他人员。

09点10分,三溪村受困的游客中,已有352人通过专车安全转移,其余31名游客也已转移至安全地带,并得到妥善安置。

10时30分,中兴镇发生特大山体滑坡,截至此时累计雨量已达230.2毫米。

据在三溪村一组经营农家乐的幸存居民宋庆忠回忆,“我听见外头有石头滚落的声音,马上意识到了不对头。”由于他有这方面的经验,所以在听到外面轰隆隆的声音时,就开始敲旅客的房门并让他们快跑。赶紧跑出来,见到洪水裹着石头泥巴冲下来,排山倒海一般,房子一座座倒下、树一根根被推断,不到3分钟,10多户房屋就被“铲平”了。

塌方发生时,在他的农家乐里有20多名成都游客,大部分是老人,最小的孩子仅几岁,虽然他拼尽全力疏散游客,但还是有一名游客被埋。

宋先生说："被埋的人基本上都是农家乐的客人，三溪村近日连续下雨，许多游客上午都在打麻将。"所幸，旅客们的反应都很快，没有人去抢行李，迈开腿不顾一切地往外跑！宋先生在撤离时，还背上了一名70多岁的老人。跑到安全地带后，离起初听见石头滚落的声音也就一分钟左右，宋先生放下老人时才发现，他的农家乐房屋已经没了！他的房子在坡上，泥石流下来的那一瞬间，10多米深的山沟就已被沙石填满，飞石还在不断掉落，房子也垮完了……

"所有游客都没有受伤。"宋先生说。但宋先生的父母就没有这么幸运，他父母的房子就在他的农家乐附近，当他安全转移完游客转身的那一刻，看到近在咫尺父母的房子，已被掩埋在了泥石流中。[①]

三、灾后：上下齐心，积极救援

灾害无情，人有情！灾情发生后，习近平总书记立刻就四川省都江堰市山体滑坡造成人员伤亡做出重要指示，要求继续组织有关方面力量，尽最大努力搜救失踪人员，同时做好遇难人员善后和亲属安抚工作，国务院派出工作组赴现场指导救援。四川省、成都市各级领导高度重视，四川省委书记、省委副书记、省委常委、成都市委书记等领导迅速赶赴灾害现场，指导抢险救援工作。四川省委常委、成都市委书记连续4天在灾害第一线指挥组织救援及群众转移工作。正在外地出差的成都市委副书记、市长也迅速赶回成都，到一线指导救援工作。组织出动特警、武警消防民兵、"飞豹"救援队（飞豹突击救援队（简称"飞豹"救援队）隶属于成都市公安消防支队，这是国内城市中第一支配备野战车辆应对跨区抢险救援的队伍。"飞豹"由28名作战官兵组成，除6台"国产悍马"外，还配备越野指挥车及个人特种装备）等，以及数十台消防车、卫星车、地震救援车和搜救犬奔赴现场。救援工作组织有序，科学有效，在确保转移道路安全、不出现新的人员伤亡的前提下，集中力量转移撤离被困群众，尽快核实失踪人数。13时50分，成都市第一人民医院由10名急诊科医生组成的2支医疗救护队集结出发，紧急前往都江堰灾区进行救援。

15时，气象应急保障车赴都江堰灾区开展监测和服务。

16时30分，都江堰市气象局发布暴雨天气消息。

17时，国家减灾委、民政部紧急启动国家三级救灾应急响应；四川省减灾委、民政厅将四川省自然灾害应急响应提升为二级；都江堰市气象局进入暴雨一级应急响应状态。国家减灾委秘书长、民政部副部长率领由民政部、国家发改委、财政部、国土资源部、交通运输部、农业农村部、卫生计生委7部门组成的国家减灾委工作组赶赴灾区指导开展救灾工作。同时，民政部向四川省紧急调运3000顶救灾帐

---

① 李慧.都江堰泥石流亲历者讲述：一分钟一匹山没了[EB/OL].(2013-07-11).https://www.chinanews.com.cn/sh/2013/07/11/5032062.shtml。

篷、1万床棉被,帮助灾区做好受灾群众临时安置工作。四川省民政厅、省财政厅紧急向重灾区下拨500万元省级自然灾害生活救助资金,四川省民政厅紧急向都江堰市调运1000床棉被,保障受灾群众的基本生活。

19时,四川省气象局发布的全省地质灾害气象风险预报图被中央电视台新闻频道微博转发。

20时,由白岩松主持的"新闻1+1"对四川都江堰"7·10"特大山体滑坡灾害事件进行了跟踪播报。

21时,都江堰市气象局发布地质灾害四级预警。在四川省、市、县的统一指挥下,紧急组织1000余人救援力量,连夜冒雨开展救援工作。由于强降雨天气仍可能发生,还存在滑坡和泥石流等地质灾害的可能性,四川省气象部门上下严阵以待,做好监测预警工作,按照专家的建议,对灾害现场及周边山体地质结构情况进行严密监控,确保不因次生灾害造成人员伤亡。

7月11日(星期四)

10时,都江堰市气象局解除暴雨橙色预警信号。

18时30分,中兴镇三溪村、两河村共589名外来避暑人员已全部安全转移。都江堰市政府为转移群众和寻亲家属设立了临时安置点,为他们提供了食物、饮水、衣物、医疗等后勤保障,抽调220名干部,并组织100余名志愿者积极开展救助和抚慰工作,确保受灾群众和遇难、失踪人员家属得到妥善安置。截至11日都江堰幸福村的累计降雨总量达1108.1毫米(都江堰年平均降水量为1240毫米),为极端特大暴雨级别。①

7月12日(星期五)

都江堰政府按照专家的建议,对灾害现场及周边山体地质结构情况进行严密监控,排查险情,特别是发动当地村组干部,重点加强撤离通道、临时避险点位等区域的地质灾害预警监测,确保不因次生灾害造成新的人员伤亡。

7月13日(星期六)

都江堰市政府设置失踪和失去联系人员家属接待点,开展寻亲信息登记,采集寻亲家属DNA样本,以便和遇难人员做比对。安排专人积极做好受灾群众及寻亲家属抚慰工作。切实做好卫生防疫工作,对灾害现场及周边区域进行卫生防疫工作,保证饮用水安全,确保不发生疫情。

据四川省民政厅统计,此次暴雨过程造成15个市(州)96个县不同程度受灾,受灾人口344.4万人,因灾死亡68人、失踪179人,紧急转移安置28.6万人;农作物受灾面积15.7万公顷,农房倒塌3546户,共13114间,其中农房严重损坏7131

---

① 王思涵.都江堰通报"7·10"特大型高位山体滑坡重大灾害抢险救灾情况[EB/OL].(2013-07-14).https://news.12371.cn/2013/07/14/ARTI1373739727199578.shtml。

户，共20635间；公路中断1499条次，供电中断430条次，通信中断215条次；损坏水库28座，损坏堤防837处，共381.8千米；直接经济损失200.8亿元。

都江堰特大山体滑坡灾情扫描

城市晚报：此次都江堰“7・10”特大山体滑坡，灾情之重、损失之大，令人惋惜。沉痛之后，不禁思考：这样的灾害如何才能避免？专家认为，这是一起由持续强降雨引发的特大型高位山体滑坡。地质勘察院院长说：“与常见的山体滑坡不同，此次灾害不仅滑坡位能高，滑动速度快、滑动距离远，而且没有蠕滑、挤压、滑动等过程，事前也没有树木倾倒、新增泉眼等灾害征兆，是一次性整体滑动，特别不容易发现。更重要的是，在多次地质灾害排查和调查中，均未确定此处为地质灾害隐患点。”①

都江堰市气象局预报员：“在此次重大滑坡事件中，都江堰市气象局的气象服务完全依照流程进行，提前预报并及时发布了红色预警和地质灾害预警。唯一的缺憾是气象局所发布的预警只能到达村干部这一级，而游客又对暴雨和地质灾害了解不够，还是出现了人员伤亡。灾情发生后，新闻记者也来到气象局询问情况，后来调查组来调查，还好我们的天气预报和服务都有专用的记录本记录了，才认定气象局在此次灾情中没有责任。”

地质专家：在特大山体滑坡中被掩埋的人员，生还的概率非常小，在搜救中也不能大面积深度挖掘，以防引起塌方体进一步垮塌。② 该滑坡点植被茂密，相对高差200米，难以抵近观测，此前从未发生过地质灾害，多家地勘单位分别在2005年、2008年、2009年、2010年、2012年、2013年多次地质灾害排查和调查中，均未确定此处为地质灾害隐患点。以前中兴镇不是灾害防治的重点区域，历史上灾害也比较少，因此也从未开展过应急演练。

救灾工作人员：“暴雨灾害停止后的几天，甚至一周时间内也是地质灾害高发期，相关部门和群众都应提高警惕，做好地质灾害防范。”救灾人员说：“在发生滑坡灾害前，都江堰共成功紧急转移安置了26954人。”③

救援队：成都市公安消防支队携带生命探测仪等搜寻设备驰援现场。滑坡掩埋现场几乎看不到房屋的痕迹，但他们不会放弃机会。另外，武警四川总队也调集150名官兵参加抢险，卫生、民兵、通信及地质专家等也奔赴现场，分别开展救援及疏散被困乘客工作。

---

① 蒋作平，叶建平，等．都江堰山体滑坡引发反思[EB/OL]．(2013-07-13)．https://www.163.com/news/article/93KFA9FB00014Q4P.html。

② 肖林，叶建平，蒋作平．都江堰失踪失联者达107人 被埋人员生还概率小[EB/OL]．(2013-07-12)．http://news.sohu.com/20130712/n381391292.shtml。

③ 杨迪，蒋作平，叶建平，等．灾害无情 时刻警惕——都江堰特大山体滑坡救灾扫描[EB/OL]．(2013-07-14)．http://www.gov.cn/jrzg/2013-07/14/content_2447477.htm。

三溪村村民:“9 日深夜,就有镇村干部让我们转移,但我们这里过去从来没有发生过泥石流,我计划等 10 日再出去。”

农家乐游客:“都江堰政府通知我们集合,叫我们一定要撤走。政府安排得非常好,有头有序的,一点儿也不慌乱。路上遇到有危险的地方,都有乡村干部叫我们靠里走,提示我们安全转移,避开危险路段。但政府没有强制关闭农家乐。”①

四、四川防灾减灾工作改进

在四川都江堰“7·10”特大山体滑坡灾害气象发生后,通过不断地总结经验,四川气象部门逐步形成了山洪地质灾害防御气象服务链。

(1)建立和完善集监测、预警、信息服务与响应避让为一体的山洪地质灾害防御气象服务体系,形成了由“全程工作链”“信息发布链”“联动响应链”为主体的山洪地质灾害防御气象服务链。

(2)建立了各级政府主导下的国土资源、气象部门山洪地质灾害防御联动模式,即强降水预警加“预防避让”,雨量现报加“临灾避险”。通过此模式,将气象监测预警信息服务最终转变成了社会公众的减灾行动,在实践中形成“清平模式”“雅安模式”“彭州模式”等。

(3)气象防灾减灾工作在实践中实现三大转变:一是实现了部门协作由预报合作转变为全程系统合作;二是实现了气象部门定时提供信息转变为全程监控信息服务;三是建立了信息与联动相结合的灾害防御响应避让模式。

2021 年 1 月,四川省气象局应急与减灾处印发了《四川省气象局关于开展重大灾害性天气叫应服务工作的指导意见》,指导意见对省级暴雨及强对流天气内部叫应服务标准和工作流程进行了梳理和量化,并进一步规范了四川省重大灾害性天气叫应服务工作的责任和分工、启动标准和实施流程。在叫应服务管理中,重点强调了当监测、预报指标达到本地叫应标准时,必须及时启动叫应服务工作流程。通过系统平台留痕和书面留痕相结合的方式,对叫应服务全过程进行详细记录、留痕。

【思考题】

1. 四川都江堰“7·10”特大山体滑坡灾害中气象局有哪些比较好的做法?

2. 四川都江堰“7·10”特大山体滑坡灾害气象服务还存在哪些问题?针对这些问题有什么好的解决办法?

---

① 李逢春,陈悦,吴柳锋,等. 都江堰山体滑坡 飞豹救援队出击连夜搜寻被困游客[EB/OL].(2013-07-11). https://www.chinanews.com.cn/sh/2013/07/11/5030185.shtml。

3. 结合案例和县气象局实际，分析在气象局预报预警到位的情况下还造成了人员伤亡的主要原因是什么？

【要点分析】

一、案例成功经验

1. 灾害性天气预报准确、服务及时。四川省气象部门做到了中期趋势预测及短期预报准确、短临及预警信号及时、决策服务有效，对防灾减灾工作科学决策起到了关键作用。

2. 新技术、新系统为气象服务保驾护航。四川省气象部门十分重视业务支撑系统的开发与建设，预报平台、加密观测和服务业务产品共享等发挥了关键性作用。

3. 以政府为主导的部门联动机制使气象服务及时有效。都江堰市气象局密切与应急、防汛、国土等部门展开防御联动，及时向市委、市政府相关领导和部门提出气象决策建议。

4. 多渠道新媒体令气象服务广泛深入。四川省各级气象部门利用手机短信、网络、电视、大喇叭、微博、微信等多种媒介，搭建起气象预警信息发布“直通车”。通过逐户找人等方式拓宽气象预警的覆盖面，解决了预警发布的“最后一公里”问题。

二、问题与建议

1. 预防与排查。气象部门应加强与国土部门合作，开展地质灾害隐患点排查、气象风险普查和实地调查工作。

2. 群测与群防。对于局地、突发性的强降雨及洪灾来说，群测群防不失为一种群众避险的有效手段。

3. 山区应急管理。对山区旅游景点的灾害应急管理经验不足。应进一步密切同旅游部门之间的合作，加强对山区旅游景点的灾害预警和应急管理。

4. 应急演练。对地质灾害多发地适当安排山体灾害安全疏散应急演练，引导群众快速转移和及时撤离非常有必要。

5. 避险意识。群众存在侥幸麻痹思想，未能及时转移造成灾情进一步扩大。气象部门需加大科普宣传力度，宣传山洪地质灾害预警信号含义和防御知识，提高广大群众的防灾避险意识。

三、基层发挥好气象防灾减灾第一道防线作用的启示

1. 县气象局局长作为基层一线干部，不能仅站在战术、技术、局部和当前的层面，更应该站在战略、全局、时代和历史的高度。县气象局局长大多是业务技术人员出身，要多发挥管理＋业务的思维，在抓业务的同时更注重管理。

2. 气象局的价值很大程度上来自于气象局业务的不可替代性，气象部门要发

挥好专业优势,不断提高预报预测和气象服务水平,做好每一次防灾减灾工作。

3. 气象部门及时发布了红色预警,做好了“托底”。将“人民至上、生命至上”理念贯穿始终,以零伤亡作为追求的目标,严阵以待,以“宁听骂声不听哭声”的担当应对风险隐患之“万变”。

4. 气象部门满足了政府对气象防灾减灾预报预警服务的需求,发挥了气象部门“消息树”的作用。同时就防灾减灾工作中存在的问题给政府提供了决策意见。

从风险管理的角度面对灾害事件
——湖南省古丈县“7·17”暴雨引发地质灾害事件案例

孟 蕾

（中国气象局气象干部培训学院湖南分院）

摘要：案例根据2016年7月17日湖南古丈暴雨引发默戎镇龙鼻嘴村排己娄组自然寨地质灾害事件编写。以事件中默戎镇龙鼻嘴村村主任石远忠和古丈县气象局副局长杨煜珍两位主角的视角，从风险管理的角度出发，结合当前基层综合防灾减灾的复杂形势以及党中央国务院对新时期防灾减灾的要求，以湖南湘西州及古丈县地理环境及人文特色为背景，展现了当下农村防灾减灾的实际情况。

关键词：风险管理　防灾减灾　湖南古丈

一、湘西州古丈县基本情况

湘西土家族苗族自治州（简称湘西州）位于湖南省西北部，国土面积为1.55万平方千米，其中山地占全州总面积的69%，素有“八山一水一分田”之说。古丈县地处武陵山区中部，峰峦重叠，境内焦柳铁路、S229省道纵贯南北，1828省道连通张家界与凤凰县，交通十分便利。

湘西州每年都有3～5次全州性的暴雨山洪，最多年份达26次（2016年），地质灾害类型以滑坡、崩塌为主，在册地质灾害隐患点708处[①]，给当地人民群众生命财产安全带来了严重威胁。

二、事件经过

2016年7月17日08时—20日08时，湖南省湘西州连续发生强降雨天气，全州普降大到暴雨、部分乡镇降特大暴雨，造成全州8个县市的69个乡镇的20.441万人不同程度受灾，房屋倒塌47户，共134间，房屋受损818户，共1674间，紧急转移受威胁群众2.2503万人，焦柳铁路默戎段2号隧洞处和默戎镇牛角山隧道发

① 湘西自治州人民政府.湘西自治州地质灾害防御规划（2011—2020年）[EB/OL].（2010-12-31）. https://wenku.baidu.com/view/7f3ed4a9cec789eb172ded630b1c59eef8c79a93? pcf=2&bfetype=new。

生山体滑坡、泥石流等灾害,造成焦柳铁路和省道 S229 中断,直接经济总损失约 2.8 亿元。其中古丈县遭受罕见短时强降水天气袭击,区域自动气象站监测资料显示,17 日 09—12 时,该县默戎镇 3 小时累积降水量达 194.5 毫米,1 小时最大降雨量高达 104.9 毫米。当天 12 时 05 分,默戎镇龙鼻嘴村排已娄组自然寨因强降雨,发生山体滑坡、泥石流事件,泥石流宽约 40 米,坡体高度约 120 米,坡面坡度约 50°,方量约 1 万立方米。山洪、泥石流顷刻间滚滚而下,直接冲毁 9 栋 14 间民房,500 名村民紧急撤离,无人员伤亡。

在这次暴雨引发的地质灾害事件中,有两位基层工作人员走进了大家的视野,一位是默戎镇龙鼻嘴村村主任石远忠,另一位是古丈县气象局副局长杨煜珍。

(一)村主任石远忠的故事

古丈县默戎镇位于武陵山腹地,南距凤凰县 70 千米,北距张家界 130 千米,是一个典型的苗族聚居镇。“默戎”二字在苗语里为“有龙的地方”,中国古代神话里,有龙的地方往往为泽国,直至今日,默戎镇都是多雨水地段。默戎镇的龙鼻嘴村,是默戎镇人口最多的苗族聚居村,“有龙的地方”有着掌管声息的“龙鼻嘴”之地,是默戎镇政治、经济、文化中心,地处吉首、保靖、古丈 3 县(市)交界。

2016 年 7 月 17 日 08 时,龙鼻嘴村村主任石远忠感觉整个天空都是黑压压的,让人非常不舒服。7 月 14 日石远忠已经接到县防汛办通知,根据气象部门预报,14—17 日当地会有暴雨天气过程。县政府要求防汛负责人这几天不出远门,万一有紧急情况要及时疏散转移人群,地质灾害隐患点上,责任人必须巡查到位。默戎镇石镇长也一再强调防汛责任人的到岗到位,不仅专门发信息提醒,还会不定时检查。其实像这样气象部门能提前三天就告知会有暴雨的,对于防汛来讲是非常有利的,不管到底是三天后的哪一段时间下大雨,都能让责任人有个很好的准备,即便有时候只能提前一天甚至半天告知,对于石远忠这样久经沙场的老村干部来讲,也能做好准备工作,毕竟这么多年来这片土地上害怕什么,石远忠也摸透了。

作为龙鼻嘴村的防汛责任人,且身兼国土部门群测群防员和气象信息员两职,在这个时节石远忠万不敢掉以轻心。每年的 4—9 月古丈县进入特殊天气时期,是全县上下进入防汛的时间节点,每年的 4 月古丈县便开始进行防汛应急演练,但真正让石远忠紧张的还是在 6—7 月,默戎的雨大多集中在这个时段,并且分布不均匀,往往山的这边只有小到中雨,而山的另一头已经达到暴雨量级了。如果山区里在短时间内就下了场暴雨,这意味着什么,石远忠作为一名老村主任,他心里是很清楚的,即使没有气象部门的专业解释,他都大概知道那就像一个人顶着一床被子,突然大雨下下来,脚还没湿,头已经抬不起来了,山上的石头沙土就会倾泻下来。

17 日这天,龙鼻嘴村所有的地质灾害隐患点都有专人分组巡查,村书记负责巡查苗寨，石远忠则负责巡查默戎镇中心完小及周边区域，一旦发现险情，他知道要带着即将陷入险境的乡亲们往哪里转移。默戎镇中心完小有一块大平地，平时是孩子们的活动操场，一旦附近有突发地质灾害，在镇里的应急预案中则作为乡亲们的临时安置场所，每个地质灾害隐患点到默戎镇中心完小的路线他都清楚。

但是，默戎镇的地质灾害隐患点都是依据以前发生过地质灾害的地方设立而成，以前发生过地质灾害，以后就是多发地段吗？这一点，已经超过石远忠的思考范畴，他并不能了解得特别清楚。他只知道，龙鼻嘴村就那么大的地方，在每个隐患点巡查，主要居民区的情况大致是能看到的。地质隐患点所在位置依然聚居着较多的人，山区里真正意义上适合建房子的地方太少，祖祖辈辈住下来，能建的地儿乡亲们都找了，而现在儿女长大成家，又要找地方住，山脚下，半山腰，即便是隐患点也住下了。作为这个地方的村主任，只能每一次暴雨来临都尽职尽责，一次次巡查，希望能避免一些险情的发生。

09 时，古丈县城还没有多大的雨，但是默戎镇的雨势开始加大，天空呈现的是夜晚的那种黑，石远忠看着雨水就像用水管浇下来的，心里开始着急。接近 10 时，已经能看到有小股水从排已娄组后方的山体里喷出来了，但其他地方，似乎还太平，他知道这时候还喊不出乡亲们转移，默戎镇不少年轻人外出打工，房子里大多只有小孩和老人在家，越是下雨的时候，他们更是愿意待在家里，石远忠只能自己一直盯着各方的情况。

10—11 时，这短短 1 小时内，石远忠手机上一直频繁接到预警短信，气象的、防汛办的、国土的、水利的，一条条预警短信和实况雨情短信让石远忠眼前的这场雨有了鲜活的数字记录。

11 时以后，雨越下越大，山体开始喷水，有一种要塌方的感觉，石远忠发现村民居住的地方后面山坡上已经开始冒水了，而村民居住的房子前平时那条一米宽的安静小溪，现在已经是一条四五米宽的低吼的河了。

快来不及了。没有任何的时间留给石远忠请示领导，也没有时间让他逐级汇报，他明白自己要当机立断，要自己拿主意。从每年县里的应急演练中，他学会了很多，从每年气象以及国土部门的培训中，他也学会了很多，从每年的巡查过程中，他也累积了很多经验。他知道，平时村里的年轻人都团结，在这非常时期只要村干部一喊有险情，大家都会来帮忙。他赶紧叫来了几位年轻人，挨家挨户敲门劝人撤离，山脚下的人家要先撤离，哪里最危险，就从哪里撤离。挨家挨户敲门，看似"最土"的办法在这里却是最有效的，大喇叭发出的声音在如此大的风雨里根本听不清，而且整个古丈县的居民并不完全集中在一起居住，一个个适合人们建房子的小山坳被大山隔开了，很多通信设备并不好用。即便有条件将消息通知到每个人，并不是每个人都有避灾意识的，农村里的墙面上只贴着用电防火安全宣传单。石远忠心里知道这些情况，所以，挨家挨户敲门将留在家里的老人和孩子喊出来的土办法反而是最保险的。

接近 12 时,石远忠看到似乎大家都已经从自家危险的地段转移到了默戎镇中心幼儿园——在默戎镇中心完小的隔壁,也有一小块平地。村干部开始清点人数,却发现有位瘫痪了的 80 岁老人施乔花还在家里,年轻的小伙子石招发赶紧去把她背出来,同时村干部还要组织人手守住危险的路段,不让人从这里再经过。

塌方了怎么办?石远忠心想。

施乔花老人被背出来 15 分钟后,山体真垮了,连半山腰的火车隧洞也堵了,出事的地点距离附近最近的隐患点只有 200 米左右。而后来据气象部门给出的记录,塌方前 1 个小时的降水量达到了 104.9 毫米。

(二)气象局副局长杨煜珍的故事

2016 年 7 月 17 日 10 时(星期日),全省召开强降雨防御工作再部署电视电话会,古丈县气象局主持工作的副局长杨煜珍提前出现在县政府的会场。这时古丈县城并没有下雨,正式开会前 2 分钟,也就是 09 时 58 分,杨煜珍的手机上接到了湘西州气象台发布的雷电橙色预警信号。与此同时,在会场里也能听到窗外轰轰的雷声,这对杨煜珍来讲是敏感的。正式开会 3 分钟后,也就是 10 时 03 分,湘西州气象台发布了暴雨橙色预警。杨煜珍用自己的手机短信给分管气象的县领导和其他相关责任单位转发了这条预警信息,虽然她知道他们的手机里也能收到预警信息,但作为气象局局长向上级再强调、再汇报也是这个多雨季节该做的一件事。她给古丈县气象台的值班人员发了短信,叫他注意区域自动气象观测站的降水,特别注意雷达图,不一会儿值班人员给她发来短信,一条一条更新信息,古丈县默戎镇、坪坝乡站点雨量信息不断地送到杨煜珍的眼前。雨量短时间内就达到 40 毫米、50 毫米,紧接着是 60 毫米、70 毫米、80 毫米。雨势发展这么快,杨煜珍心里着急了起来,对于湘西州这片土地来说,短时间内达到 40 毫米、50 毫米的降水很容易致灾,她马上走下自己的座位向分管气象的舒副县长直接汇报。如果没有身在会场,这种情况下杨煜珍一般是在县气象台,打电话向舒副县长报告预警信息和实况雨情。

对于湘西州来讲,及时传递实况雨情是非常重要的,降雨离致灾之间还有一段时间,能第一时刻知道最新实况雨情,就为防灾减灾赢得了宝贵的时间。5 年前的湘西州就开始了实况雨情提醒短信发布,当 1 小时出现 50 毫米的降水时,湘西州气象台就会发特别提醒短信。此项工作还弥补了预警信号的一个缺憾,之前气象部门发了红色预警(3 小时内超过 100 毫米)后,就没有更高级别的预警可发,但很有可能 3 小时内降水量达到 150 毫米及以上,现在气象台会在 1 小时降水量达到 50 毫米以及任意累积量(单日)超过 100 毫米、150 毫米时发送特别提醒短信,每增加 50 毫米就发布一次特别提醒短信。只要有区域站的地方,降水实况发布就能精确到"点"上，可以更好地指挥当地的乡镇进行防灾减灾。古丈县气象局也有自己的实况雨情监测提醒，发到相关责任人的手机上，即便有雨情监测实况发布平台，杨煜珍还是会以个人的手机再将消息发一遍给县政府领导、各部门相关负责人和乡镇的防汛责任人。

实际的雨情以及杨煜珍自己都没法控制的汇报，她颤抖着的声音让舒副县长立即明白了事情的严重性，虽然他才刚到古丈县政府工作不久，但之前的工作一直是与农艺方面相关的，他明白这样的降水对于湘西州这片土地几乎难以承受。舒副县长马上向县长、县委书记做了汇报，县政府即刻向县防汛办下达指示，要求各乡镇重点注意这次强降水过程。

10时35分，古丈县防汛抗旱指挥部按照县委、县政府指示，第一次下达转移坪坝镇、默戎镇和古阳镇暴雨集中区受威胁群众。

10时43分，古丈县所有防汛责任人收到实况雨情提醒短信："截至10时43分，古丈县默戎镇排若村桐木水库1小时雨量已达50毫米以上，要求特别注意防范山洪及滑坡、崩塌等地质灾害。"

10时50分，湘西州气象台发布了古丈县暴雨红色预警。杨煜珍第二次向舒副县长汇报，这时工作开始在全县铺开、全县动员。10时52分，古丈县防汛抗旱指挥部按县委、县政府指示，转移全县受威胁群众，关闭旅游景区，转移受困游客，进行交通管制。随着气象预警信号的升级和实况雨情监测信息的发布，相关的水利、国土的预警短信也在防汛责任人手中"如约而至"。

降水特别大的几个乡镇在雷达图上显示得比较清楚，杨煜珍把这几个乡镇特意向舒副县长指出来，县政府有针对性地给这几个乡镇打电话，通知负责人，并特意要求交通部门将省道1828线在古丈县的这一段线路封闭，这一段正是从张家界至凤凰县的必经之路，时值盛夏，在张家界与凤凰县间往返的旅游大巴多不胜数。古丈县境内1828线一头是夯吾苗寨，另一头是团结镇，团结镇则位于古丈县与吉首市交界的地方。舒副县长对杨煜珍说："你回去组织你的预报，提供随时预报，外面的事情不用你们管，你们就搞好你们的服务。"杨煜珍随后请求提前离会，在她提前离会后，县防汛办、水务局局长都提前离会了。舒副县长则立即向省里申请古丈县休会，全部进入抗灾的状态。整个部署所用时间很短，发出这些指令以后不到半个小时，默戎镇的雨进一步加大了。

11时43分，默戎镇防汛责任人再次收到实况雨情提醒短信："17日08时至11时43分默戎累积雨量已达181.9毫米，强降水仍在持续，再次要求特别注意防范山洪、滑坡、崩塌等地质灾害。"

杨煜珍从县政府离会还没回到县气象局，她就在微信群看到墨戎苗寨景区花费百余万修建的木质迎宾楼被冲垮的画面了。默戎区域站就建在默戎镇政府的旁边，杨煜珍赶紧打电话到默戎镇政府确定降水的情况，得到回复是雨量确实比较大,雷达图和区域雨量监测情况属实。与此同时,古丈县国家站的雨量只有20多毫米。

龙鼻嘴村的受灾情况,杨煜珍也是在视频里见到的。这个后来震撼了众人的视频是一位已经顺利转移的群众用手机对着山体滑坡的地点拍摄的,拍到了1万立方米泥石流冲垮山下房屋的画面。杨煜珍看到视频的时候,几乎一身冷汗,心想这下完了,这要伤亡多少人啊。当时湖南省省长也在灾情发布的第一时间打电话给古丈县委书记,重点关注人员伤亡问题。最后没有人员伤亡的这一事实几乎让所有人心头一块石头落了地。

三、故事之后的故事

2017年9月的石远忠看上去要比2016年7月的他年轻10岁,曾经发生灾害的地方,现在已经被列为新的地质灾害隐患点,滑坡的山上已经进行了固坡,而山下还能看见当时被冲毁的一些木板。山脚下的居民们依然在原处居住、耕种,屋前那条小溪还是一样安静。湖南省气象局参考了湘西州等地实况雨情提醒短信发布的机制,建设了湖南省实况监测预警平台并对外发布信息,也在大力推动基层中小河流洪水、山洪和地质灾害气象风险预警业务项目研究,已取得初步成果,同时,2017年湘西州的防灾救灾应急演练地点就设置在默戎镇。

湖南地区多发暴雨诱发山洪地质灾害事件,1998年长江中下游的特大洪涝灾害阴影尚未退却,当时的湖南省副省长就领着气象、水利、国土等部门的专家进行了大范围资料收集和评估,并写下了《山洪灾害防治成为防汛抗灾的突出问题》的文章上报国务院。随后,气象部门开展了与国土、水利等多部门的合作,如2004年4月湖南省气象局与湖南省国土资源厅签订了《关于联合开展山洪地质灾害气象预警预报工作协议书》,与湖南省水利厅在2008年10月签订了《湖南省气象、水利信息共享与技术合作协议》等。

2017年9月,杨煜珍任古丈县气象局局长,正忙着赶去人工降雨的现场,古丈县气象局人少事多,即便是个"弱"女子,也得要参加"男儿郎"的工作,县气象台里1人值班,2人去扶贫,2人进行区域自动气象观测站检修。"湘西州山路多,不是一辆车往来就能快速把区域自动气象观测站修好的,很多时候要靠人走上去,没办法。"

受古丈县本身的经济条件制约,很多设备设施都没办法短时间内购置和维护。这片土地上藏着的大自然的秘密和威胁都不能像发达地区那样被快速探索和挖掘出来,即便是基本的气象灾害风险区划图都不具有,对于杨煜珍和她的同事们来讲,很多的工作确实不好开展,但确实要脚踏实地去做。

【思考题】

1. 湘西州为何成了地质灾害高风险区？
2. 石远忠的做法有哪些风险？说明了什么问题？
3. 从风险管理的角度如何改进古丈县防灾减灾机制？

【要点分析】

一、湘西州成为地质灾害高风险区的原因分析

与灾害风险息息相关的因素是风险源的危害性、承灾体的暴露度和承灾体的脆弱性，这是构成灾害风险的三大要素。其中承灾体的脆弱性又包括承灾体对灾害的敏感性和防灾减灾能力。湘西州都具备三者相叠加的效应使得它成为地质灾害高发区，充满艰险。

二、石远忠同志做法的风险分析

石远忠同志作为直面灾害的一线人员，他的做法存在着一定的风险，包括：转移群众的地点并不是镇应急预案设置的安置点，接近10时石远忠已看见小股水从排已娄组后方山体涌出，而10时35分古丈县防汛抗旱指挥部已第一次下达转移受威胁群众指示，但石远忠并未开始通知群众撤离，10时52分县防汛抗旱指挥部第二次下达全县受威胁群众指示，但直到11时多石远忠才开始转移群众等。实际行动与预案不符，响应上级指示时间过长，在突发性灾害面前有可能会导致不可逆转的后果出现，这些都是风险。

首先要注意的是，这是他工作过程中存在的风险，是“风险”，并不是“错误”。“错误”是可以避免的，但“风险”是客观存在的，世界上没有零风险的决策。石远忠同志做法中存在的“风险”，说明石远忠同志的背后缺乏了一些机制上的保障，通过分析发现石远忠如果换一种做法，也一样有“风险”。

三、从风险管理的角度讨论如何改进古丈县防灾减灾机制

从风险管理的角度讨论如何改进古丈县防灾减灾机制，主要把握三点：生命至上、预防为主、因地制宜。

灾害的定义即对人类社会造成的损害。以人为本是防灾减灾的中心思想，但如果“以人为本”的落实只体现在应急阶段中受威胁群众的紧急撤离这一非常态措施，那还达不到新时期防灾减灾的要求。新时期灾害有突发性、异常性和复杂性等特点，防灾减灾机制的建立和实施需要更大程度上以生命至上为原则，立足当地，切合实际。

改进古丈县防灾减灾机制，重点在因地制宜、预防为主。根据古丈县实际情况，在自然科学领域对风险管理从技术层面进行合理应用，在社会科学领域对古丈县人文环境进行深入研究。既要强化灾害风险预报预警机制的健全,还要由内而外增强政府与个人的风险防范意识。21 世纪以后普遍进入了强调以生命价值为主要指标的风险管理阶段,为政府进行科学的风险管理提出了一种新的思路,也提出了新的挑战。以人为本的防灾减灾机制,要立足于“人”,不仅考虑自然因素,更要考虑自然环境中谋求发展的“人”的所思所想所虑,考虑不同年龄、不同学历、不同阅历的“人”的可接受风险水平,将每一类人群所面临的灾害风险纳入防灾减灾机制进行管理。

长江暴风雨中的沉船事件
——“东方之星”号客轮翻沉事件防灾减灾案例

闫　琳　段永亮　曾凡雷

（中国气象局气象干部培训学院）

摘要：2015 年 6 月 1 日 21 时约 32 分，重庆东方轮船公司所属“东方之星”号客轮由南京开往重庆，当航行至湖北省荆州市监利县长江大马洲水道时翻沉，造成 442 人死亡。经国务院事件调查组认定，“东方之星”轮翻沉事件是一起由突发罕见的强对流天气（飑线伴有下击暴流）带来的强风暴雨袭击导致的特别重大灾难性事件。本案例按照事件发生的时间顺序，描述了“东方之星”轮翻沉过程中监测预警、应急处置、事件调查等不同阶段的事件经过。

关键词：东方之星　综合防灾减灾

2015 年 6 月 1 日 21 时 32 分，重庆东方轮船公司[①]所属的“东方之星”号客轮[②]由南京开往重庆，当航行至湖北省荆州市监利县长江大马洲水道（长江中游航道里程 300.8 千米处）时，遇到飑线天气系统（该系统伴有下击暴流、短时强降雨等局地性、突发性强对流天气）引发的强风暴雨袭击而翻沉，造成 442 人死亡（事发时船上共有 454 人，经各方全力搜救，12 人生还，442 具遇难者遗体全部找到）。

一、“东方之星”轮：遭遇极端天气，瞬间沉没

2015 年 5 月 28 日 13 时，“东方之星”号客轮由南京港五马渡码头出发，计划 6 月 7 日 06 时 30 分抵达目的港重庆。

起航时，在船的船员 46 人，其中包括 52 岁的船长张顺文（一个老水手，他在船

---

① 重庆东方轮船公司：该公司是重庆市万州区国资委管理的国有独资企业。目前主要经营重庆至南京、重庆至宜昌、万州至宜昌等航线旅游客运。公司持有交通运输部长江航务管理局颁发的水路运输许可证和长江海事局颁发的安全与防污染能力符合证明。

② “东方之星”号客轮：船舶法定证书齐全有效，核定乘客人数为 534 人、船员 50 人，事发时实际在船人员为 454 人，其中乘客 408 人、船员 46 人。船上航行设备——AIS(B 级)1 台、GPS 设备 1 台、测深仪 1 台、导航雷达 2 台等；无线电设备——甚高频无线电话 2 部、可携式甚高频无线电话 2 部、对外扩音装置 1 套。客轮先后历经 3 次改建、改造和技术变更，其风压稳性衡准数均大于 1，符合《内河船舶法定检验技术规则》要求，但船舶风压稳性衡准数逐次降低。

上工作32年,有17年当船长的经验),乘客398人。一路上,轮船按计划停靠码头,游客上岸观光。

6月1日中午,“东方之星”从赤壁再次起航,前往荆州。这时天气还不错,多云,风力2级,能见度10千米以上。

殊不知,一场狂风暴雨正在悄悄酝酿。湖北省、市两级气象部门从5月31日开始分别向长江海事局、荆州海事局提供了预报预警信息,因长江监利段隶属岳阳海事局管辖,监利海事处隶属岳阳海事局,故监利县气象局只对监利地方海事局开展了服务,而未向监利海事处提供预报预警信息。

荆州海事局根据气象台暴雨黄色预警信号及应急预案要求于17时26分发布气象类三级(黄色)水上交通安全预警。

入夜,“东方之星”继续航行。21时左右,轮船前方远处出现闪电,下起小雨。

当地海事人员通过目测,发现降雨由小雨变成了中雨,甚至有向大雨发展的趋势,及时向相关船舶通过甚高频无线电话(VHF)滚动播发预警,提醒船舶注意航行安全,采取必要的措施,确保自身的安全。

与此同时,一艘名为“长航江宁”号的轮船也行驶在附近水域。该船船长在雷达屏上发现前方1500米处显示雨的杂波,于是命令慢车,并在21时07分告知“东方之星”:本船已慢车,准备稳船,如天气不好将在前方抛锚。21时18分,“东方之星”轮行驶至大马洲水道[①]3号红浮(长江中游航道里程301.0千米)附近,遭遇了飑线[②]天气系统,风向由偏南风转为西北风,风雨开始加大。

21时19分,张顺文听见风雨声加大,从自己的房间进入驾驶室。此时,大副刘先禄正在雷达显示器后指挥驾驶,舵工李明万在操舵,水手黎昌华则站在车钟旁协助瞭望。张顺文向大副刘先禄了解情况后,接手指挥。

21时21分,风力迅速增至10级,能见度严重下降,张顺文命令大副减速,左微舵。他打算转向顶风至右岸一侧水域后抛锚。船速减至12千米/小时。

21时24分,强风吹得轮船开始后退。1分钟后,后退速度达到5.6千米/小时。

21时26分,客轮所处水域突遇下击暴流[③]袭击。船长张顺文察觉到船在后退,他命令大副加车,后退速度减缓。然而,就在此时,风速瞬间增至32～38米/秒,风力达到12～13级,轮船很快失去了控制。

21时28分,休班的大副程林、谭健也赶到驾驶室。

---

① 大马洲水道:6月1—7日大马洲水道实际维护尺度为6米×150米。据长江武汉航道局6月3日测图显示,事发水域未发现浅点、障碍物,大马洲水道河床形态、滩槽格局基本稳定,水流平顺。

② 飑线是由许多单体雷暴云连在一起并侧向排列而形成的强对流云带。

③ 下击暴流是指一种雷暴云中局部性的强下沉气流,到达地面后会产生一股直线型大风,越接近地面风速越大,最大地面风力可达15级。

21时30分，“东方之星”失控，开始进水。

21时31分，船舶主机熄火，迅速向右横斜，约21时32分，东方之星轮翻沉，AIS与GPS信号消失。

当沉船打捞出水后，人们在驾驶室和机舱里找到石英钟，时间分别定格在21时33分和21时32分。

轮船倾覆时，张顺文仍然在驾驶室内。轮船倾覆后，他在水中摸到左舷窗户，然后钻出水面，顺流游上左岸。

22时10分，岳阳海事局指挥中心接“铜工化666”轮报告，称在“天字1号”附近水域发现有2名落水人员，由于风大雨大，无法施救，当时并没人意识到，等着被救援的还有一整艘船上的其余450多人。

22时12分，岳阳海事局指挥中心通知监利海事处和华容海事处立即出艇救助，并联系周围施工船参与救助落水人员。

23时09分，岳阳海事局向长江海事局总值班室报告人员落水险情信息。

23时22分，岳阳海事局指挥中心接监利海事处报告，“东方之星”轮可能出事，之后多次与重庆东方轮船公司和监利海事处等联系确认。

23时35分，岳阳海事局指挥中心负责人向岳阳海事局负责人报告，可能是“东方之星”轮发生翻沉，随后立即组织过往船舶及其他社会救助力量参与救助。

23时40分，岳阳海事局负责人与获救的“东方之星”轮船长通话，确认“东方之星”轮已遇险翻沉，随即向岳阳、监利两地人民政府报告；随后，重庆东方轮船公司从岳阳海事局获悉“东方之星”轮已翻沉。

23时47分，监利海事处窑监执法大队在陶市河口救起2名落水人员，确认为“东方之星”轮上的2名旅客。

23时54分，岳阳海事局向长江海事局报告“东方之星”轮翻沉。

在此期间，倾覆的“东方之星”没有向外发出过任何求救信号。

6月2日00时10分，“东方之星”轮船长张顺文向重庆东方轮船公司值班员报告船舶翻沉，该公司随后启动了应急预案，并向万州区人民政府报告；00时45分，长江海事局将事件信息上报长江航务管理局；00时55分，长江海事局将事件信息上报湖北省人民政府值班室；01时00分，长江海事局将事件信息上报中国海上搜救中心；01时15分，中国海上搜救中心将事件信息电话报告交通运输部和国务院总值班室。

6月2日02时十几分，荆州市应急办接到湖北省政府电话，得知“东方之星”轮翻沉……

二、紧急救援：举国动员，全力搜救

事件发生后，党中央、国务院高度重视。习近平总书记立即做出重要指示，要求国务院立即派工作组赶赴现场指导搜救工作，湖北省、重庆市及有关方面组织足够力量全力开展搜救，并妥善做好相关善后工作。同时，要深刻吸取教训，强化各方面维护公共安全的措施，确保人民生命安全。李克强总理立即批示交通运输部等有关方面迅速调集一切可以调集的力量，争分夺秒抓紧搜救人员，把伤亡人数降到最低程度，同时及时救治获救人员。6 月 2 日凌晨，李克强总理率马凯副总理、杨晶国务委员以及有关部门负责同志，紧急赶赴事件现场指挥救援和应急处置工作。6 月 4 日，习近平总书记、李克强总理先后主持召开中央政治局常务委员会会议和国务院常务会议，强调要组织各方面专家，深入调查分析，坚持以事实为依据，不放过一丝疑点，彻底查明事件原因，以高度负责精神全面加强安全生产管理。

湖北省委、省政府相关领导在接到报告后，第一时间做出批示，3 名省领导连夜从恩施和武汉等地赶赴事发现场，实地察看了解情况，紧急会商研究救援工作方案，指挥搜救工作。省委、省政府连夜做出决定，启动水上搜救一级应急响应，成立前方现场指挥部和后方协调工作组，安排调度 9 名省领导分别负责现场搜救、后方协调、舆论引导、善后处置等工作。在中央工作组到达前，湖北省组织荆州、咸宁展开沿江搜救，对救援现场进行有效组织、管控，对省内党政军民救援资源进行有效整合，紧急协调武汉海工大、长江救捞局等专业潜水力量赶赴现场。同时，事发地荆州市委、市政府迅速启动应急预案，党政班子第一时间赶赴监利，就地成立打捞搜救和善后协调工作专班等 3 个工作组，对现场搜救、物质保障、后勤服务等关键环节，实行指挥、调度、标准、流程和信息报送“五统一”，集中全市资源，全力投入搜救。

根据党中央、国务院领导同志重要指示批示精神，各个部门也全力开展救援和应急处置工作。交通部门，除了对沉船扫描定位、救助打捞，协调船舶现场搜救，还要警戒并疏导事发水域交通；卫生部门，除了组织卫生救援力量，还要安排救援场所、协调救援车辆、进行心理干预；水文部门、气象部门开展现场水文、气象监测、查看分析；所在地党委政府，接待家属、安排保障；解放军、武警部队，灾情侦察、现场搜救、外围警戒、应急抢救；长江防总调度三峡水库下泄容量方便救援……

从解放军、武警、海事、长航、消防等现场救援，到卫生、气象、水文、通信、燃油、饮水、直升机等现场保障，救援的每一项工作，背后都是成百上千人的默默参与；救援的每个阶段，都需要多部门协调推进。

与此同时，众多公益组织自下而上的组织动员也发挥着至关重要的作用。面对发生在监利的这起事件，这个港口小城民间蕴藏的力量瞬时爆发，爱如潮水涌动。在监利，随处可见的黄丝带传递着“一方有难八方支援”的真情。

中国志愿服务联合会会员单位湖北省志愿者协会按照救灾指挥部的指令进行了统一调度和精心安排，迅速动员集结志愿者、掀起各类志愿服务高潮。6 月 2 日，湖北省志愿者协会成立了以湖北省志愿者协会秘书长范蓉、副秘书长金明为专班的调度中心，通过湖北志愿者之家QQ群和“青春湖北”和“湖北省志愿者协会”官方微信公众平台，传达救灾指挥部信息，调度全省近百个志愿者团队。根据当时情况，确立了以监利本地志愿者为主，各地志愿者随时待命，不盲目参与的原则展开救援。

在监利县人民医院，设置乘客家属登记点分流引导，接待家属、安抚心理，“蓝天下”妇女儿童维权中心73名志愿者成为重要力量。接收捐赠物资再分送，在官兵驻扎点洗菜、做饭、送饮用水；参与酒店接待、发放雨伞……时时处处都闪动着手系黄丝带的志愿者的身影。

为动员更多的群众加入进来，6月5日，共青团监利县委、监利志愿者协会向全县发出《关于做好“东方之星”沉船事件志愿服务的倡议书》，在青春湖北官方平台发布后，迅速得到积极转发和响应。在招募600多名志愿者后，整合各个组织各类志愿者进行了分组，共6个工作组：家属接待组、车辆接送组、住宿安排组、交通疏导组、物资调配组、网络文明志愿行动组。

除湖北本地志愿者参与救援外，还有北京蓝天救援队、广州殡葬专业志愿者服务队等外省市志愿组织驰援监利。

科学救援、组织有序，这样的救援行动弥漫在整个监利，小城满是大爱。

最终，经各方全力搜救，事发时船上454人中12人生还，442具遇难者遗体全部找到。

……

三、国务院调查组：查明真相，追责问责

根据党中央、国务院领导同志重要指示批示精神，经国务院批准，成立了国务院“东方之星”号客轮翻沉事件调查组（以下简称事件调查组），由国家安全生产监管总局牵头，工业和信息化部、公安部、监察部、交通运输部、中国气象局、全国总工会、湖北省和重庆市等有关方面组成，并聘请国内气象、航运安全、船舶设计、水上交通管理和信息化、法律等方面相关专家参加。事件调查组紧紧围绕“风、船、人”3个关键要素，收集汇总各类证据资料1607份、711万字，先后召开各类会议200余次，对调查情况进行反复研究论证，在此基础上形成了调查报告。

经调查认定，“东方之星”轮翻沉事件是一起由突发罕见的强对流天气（飑线伴有下击暴流）带来的强风暴雨袭击导致的特别重大灾难性事件。“东方之星”轮航行至长江中游大马洲水道时突遇飑线天气系统，该系统伴有下击暴流、短时强降雨等局地性、突发性强对流天气。受下击暴流袭击，风雨强度陡增，瞬时极大风力达12～13级，1小时降雨量达94.4毫米。

船长虽采取了稳船抗风措施，但在强风暴雨作用下，船舶持续后退，处于失控状态，船艏向右下风偏转，风舷角和风压倾侧力矩逐步增大（船舶最大风压倾侧力

矩达到船舶极限抗风能力的 2 倍以上),船舶倾斜进水并在一分多钟内倾覆。

调查组还查明,“东方之星”轮抗风压倾覆能力不足以抵抗所遭遇的极端恶劣天气。该轮建成后,历经 3 次改建、改造和技术变更,风压稳性衡准数逐次下降,事发时该轮所处的环境及其态势正在此危险范围内。船长及当班大副对极端恶劣天气及其风险认知不足,在紧急状态下应对不力。船长在船舶失控倾覆过程中,未向外发出求救信息并向全船发出警报。

调查组在对事件从严、延伸调查中,也检查出重庆东方轮船公司、重庆市有关管理部门及地方党委政府、交通运输部长江航务管理局和长江海事局及下属海事机构在日常管理和监督检查中存在管理制度不健全、执行不到位;有关管理部门及地方党委政府监督管理不到位以及交通运输部长江航务管理局和长江海事局及下属海事机构对长江干线航运安全监管执法不到位等主要问题。

调查组建议对检查出的在日常管理和监督检查中存在问题负有责任的 43 名有关人员给予党纪、政纪处分,包括企业 7 人,行业管理部门、地方党委政府及有关部门 36 人,其中,副省级干部 1 人、厅局级干部 8 人、县处级干部 14 人。

同时,调查组也提出了防范和整改措施建议:

1. 进一步严格恶劣天气条件下长江旅游客船禁限航措施。交通运输部门要及时发布并严格实施长江旅游客船恶劣天气条件下禁限航规定,遇以下情况船舶不得开航或要采取其他有效避险措施:一是气象部门预报或船舶发现出发港有 7 级或以上或超过船舶抗风等级的大风,船舶必须采取有效避、抗风措施,船舶不得开航;二是气象部门预报船舶途经水域有 7 级或以上大风或超过船舶抗风等级的大风,船舶必须采取提前停航等避风措施;三是船舶出发港能见度不足 1000 米时,船舶禁止进出港口;船舶航行途中下行能见度不足 1500 米或上行能见度不足 1000 米时,船舶必须尽快择地抛锚停航。

2. 提高船舶检验技术规范要求,完善船舶设计、建造和改造的质量控制体制机制。交通运输部门要研究完善内河船舶检验技术规范,提高内河客船抗风能力等安全性能。对涉及船舶稳性和尺度的改建、改造应当严格控制和审批。研究提高船舶检测检验机构准入门槛。工业信息化等主管部门应建立健全船舶设计能力评估和规范机制,完善船舶建造企业生产条件规范体系,推进企业船舶设计、建造能力水平的动态评估制度,进一步提高船舶设计、建造企业规范化水平。

3. 进一步加强长江航运恶劣天气风险预警能力建设。气象部门要针对中小尺度强对流天气强度大、突发性强、致灾重等特点,进一步加大科研投入,加强监测预警方法研究,提高监测预警能力。适应长江航运安全保障需求,进一步加强长江沿岸天气雷达、自动气象观测站网建设,并加强船舶自动气象探测系统建设,提高恶劣天气预测预警能力。完善气象部门与海事部门信息快速共享机制,强化短时临近预警信息的快速发布,健全长江水上交通安全广播电台甚高频气象广播、手机短信等多种接收方式，确保海事监管机构和航行船舶及时准确获取灾害性天气预报预警信息。制定《气象灾害防御法》，进一步提高全社会防御气象灾害的能力。

4. 加强内河航运安全信息化动态监管和应急救援能力建设。交通运输部门要进一步健全完善水上交通动态监控相关措施，大力推进 AIS、VTS 等水上交通管理动态监控系统建设和应用，充分发挥信息技术在提高安全防范和应急反应能力方面的重要作用。建立重点客运船舶动态监控系统，合理安排值班人员，加强重点船舶、重点水道、极端天气值班值守。地方政府和交通运输部门要进一步加强长江应急救援体系建设，加大投入，增加设置长江搜救站点，强化救援队伍建设，配备结构合理、性能高效的救援装备，提高应急反应能力，做到及时发现、快速反应、科学施救、保障有力。

5. 深入开展长江航运安全专项整治。交通运输部门要进一步严格航运尤其是客运市场准入，加强客船运输经营人资质动态跟踪管理，严格经营资质年度考核和不定期资质现场抽查，强化对水运经营人和客船进入市场后的监管。加快内河老旧客船升级换代，优化客船运力结构，提高客船安全性。进一步加强长江等内河航行安全管理，严禁旅游客船在恶劣天气条件下航行，加大现场监督执法力度，及时发现并纠正船舶违法违章行为。

6. 严格落实企业主体责任，全面加强长江旅游客运公司安全管理。长江旅游客运公司要按照《安全生产法》和水上交通管理的法律、法规及规章制度，严格实施公司安全管理体系，健全企业安全生产责任体系，全面落实企业主体责任；建立健全本公司船舶限航、停航、抛锚及预警的制度规定；加强企业员工尤其是船员的培训考核，针对不同船舶、不同航线、不同险情，定期组织针对性船岸应急演练，不断提高船舶和岸上应急反应能力；利用企业 GPS、AIS 等手段，对公司所属旅游客船进行 24 小时不间断监控，加强船舶驾驶台资源管理，强化船舶航行动态管理，确保及时发现和解决船舶航行中存在的问题。

7. 加大内河船员安全技能培训力度，提高安全操作能力和应对突发事件的能力。交通运输部门协商有关部门统筹规划航海院校和培训机构的培训教育工作，完善内河船员职业培训教育和船员考试基础设施建设，提高客运船舶船员考核培训标准。教育、人力资源社会保障部门要在船员教育培训和社会保障等方面出台优惠政策，提升内河船员职业吸引力，提高内河船员特别是船长等高级船员整体素质和业务能力。

【思考题】

1. 气象部门在极端天气事件的监测预警服务中应如何贯彻习近平总书记"坚持以人为本、坚持预防为主、坚持综合减灾"的防灾减灾理念？

2. 气象部门在新形势下应如何更好地发挥"气象防灾减灾第一道防线的作

用”?

【要点分析】

本案例值得深入思考的要点如下:

1. 在理念层面,首先,应对灾害问题的时代背景已经发生了深刻变化,一方面,经济发展与社会进步决定了对人权的保护和对生命的尊重成为共识,“以人为本”成为国家发展的基本价值取向;另一方面,市场经济条件下阶层分化与激烈竞争及其引发的各种社会问题,又使构建“和谐社会”成为新时期的重要目标。一切防灾减灾措施都应当是以安全作为出发点与落脚点。从本案例中可以分析出在当前灾害复杂多变的形势下,要将安全第一、生命至上的理念贯穿于灾害管理的全过程,不仅仅是在灾害发生后的救灾过程中,在防灾阶段,应当采取一切有效措施来避免与减少各种灾害事故对人的生命与健康的威胁。其次,各种自然灾害的发生和人类的生产生活密切相关,要充分认识新时期灾害的突发性、异常性和复杂性。加强对灾害致灾因子的研究,同时在防灾阶段,将致灾因子、承灾体以及孕灾环境进行结合,从系统的角度看待灾害管理问题。第三,要树立主动防范、预防为主的理念,实现从注重灾后救助向注重灾前预防转变,从减少灾害损失向减轻灾害风险转变。

2. 在制度层面,综合防灾减灾工作需要一整套完善的制度设计,包括综合防灾减灾体制、机制与法制的制定。从中央现有的体制看,当前的防灾减灾体制呈现高度分割化的特征,每一个部门只应对一个特定的行业或某种特殊的自然灾害,案例中暴露出现有高度分割化的防灾减灾体制下,统筹协调体制尚待健全,缺乏综合管理机制和部门之间有效协调机制,必然带来部门分割和条块分割问题,并具体表现在防灾减灾职能交叉、缺位、空位以及防灾减灾资源错配、分割、浪费上,这些都与综合防灾减灾理念背道而驰,也不利于我国防灾减灾工作的开展。因此,政府作为防灾减灾工作的主体,发挥主导作用,承担主体责任,责无旁贷。此外,还应提高全民风险防范意识,同时需要发挥全社会的力量参与到综合防灾减灾工作中。

3. 在能力层面,案例中反映出在监测预报预警与风险防范能力方面,针对长江流域的专业气象预报预警能力难以满足保障长江航道安全气象服务的需求。因此在加强监测的同时,要引入风险管理的理念,将致灾因子、承灾体以及孕灾环境综合考虑,科学制定灾害阈值,提高防灾工作的科学性。同时,需要将现有的发布型预警向行动型预警转变,使预警信息传递的“最后一公里”问题能够得到有效解决。

应急一盘棋，损失降到底
——广东省阳江市综合防灾减灾案例

何海鹰　朱　琳

（中国气象局气象干部培训学院）

摘要：在广东省气象现代化建设的统一框架下，阳江市气象局在突发事件预警信息发布中心的基础上成立阳江市应急指挥中心，形成“大应急”模式，践行综合防灾减灾的理念，为防灾减灾工作积累了经验。作者于 2016 年 6 月到阳江市进行实地调研，并与有关人员进行了深度访谈，同时调研广东省气象局，并在翻阅大量资料的基础上形成本案例。本案例主要介绍了阳江市“大应急”模式的形成过程、主要特点及其在防灾减灾实践中取得的主要成效。

关键词：阳江市气象局　“大应急”　气象防灾减灾

台风、暴雨频频光顾阳江，台风、暴雨的袭击使阳江人民的生命、财产受到重大威胁。2008 年 9 月 24 日凌晨，第 14 号强台风“黑格比”在阳江沿海地区自东向西横扫而过，“黑格比”是阳江市有气象记录（1952 年）以来影响最强的台风，给阳江造成重大人员伤亡和惨重经济损失。因灾造成人员死亡 17 人、失踪 2 人。2009 年 9 月 15 日，第 15 号台风“巨爵”造成 2 人死亡、3 人失踪。

2015 年 10 月，台风“彩虹”登陆阳江，该台风为新中国成立以来 10 月登陆广东的最强台风过程，面对强台风“彩虹”袭击，阳江市实现了“大灾无大难，人员零伤亡”。

七年的时间，这中间经历了什么，使阳江市在面对台风、暴雨等气象灾害袭击时铸成了一道坚强的防线……

一、谋篇布局

2012 年 3 月，广东省委与中国气象局签署省部合作备忘录，将广东省列为气象现代化试点省。预警信息发布是广东省气象现代化的切入点和重要抓手。2012 年 8 月，在全省气象工作会议上，广东省省长提出“加快推进突发事件预警信息发布体系建设，建立统一的突发预警信息发布体系”。随后在广东省气象局的统一部署和推动下，各地按照本地的特点加快推进突发事件预警信息发布中心建设。

阳江市台风多、暴雨多、地质灾害多，是广东的台风、暴雨中心之一。阳江市防灾减灾任务巨大。此时，广东省气象局将云浮市气象局局长调至阳江，以充实阳江市气象局的领导班子，为阳江市的气象工作打开新的局面。上任伊始，新来的局长便率领团队按照广东省气象局的要求和部署，与阳江市委、市政府多方沟通，谋划阳江气象的发展。而早他一年来到阳江，时任阳江市气象局纪检组长则为了阳江市突发事件预警信息发布中心的建设已经在准备中。

广东省气象局和阳江市委、市政府对此非常重视，广东省气象局多次派领导到阳江调研、指导，阳江市政府积极到广东省气象局共商加快推进阳江气象现代化建设。2013 年 1 月 6 日，阳江市副市长带领气象、发改、水务、财政、应急、编办等有关部门的领导赴广东省气象局调研，深入了解天气预报业务、预警信息发布、公共气象服务等气象现代化建设情况。双方经过交换意见，在阳江市、县突发事件预警信息发布中心机构、编制、资金的落实等方面达成了共识。

3 月 8 日，阳江市政府再次举行专题座谈会，会议由阳江市副市长主持，广东省气象局领导出席。通过本次会议，双方就加快地方气象现代化建设问题进一步达成共识，并形成《加快阳江市突发事件预警信息发布中心建设工作会议纪要》。会议同意设立阳江市突发事件预警信息发布中心为阳江市气象局管理的正科级公益一类事业单位，中心主任按副处级配备，配备事业编制 25 名。会议同意阳江市突发事件预警信息发布中心不单独建设办公用房，参与阳江市新综合楼的合建，至于其相关附属设施，如阳江气象科普馆和专家公寓建于气象公园内。会议同意阳春市、阳西县可参照阳江市的做法，分别设立副科级的突发事件预警信息发布中心。在资金方面，广东省气象局将给予大力支持。

3 月 15 日，阳江市机构编制委员会批准设立阳江市突发事件预警信息发布中心，负责全市突发事件预警信息统一发布的管理和实施工作，中心事业编制 30 名。至此，通过阳江市政府和广东省气象局、阳江市气象局的共同努力，阳江市突发事件预警信息发布中心于 2013 年 3 月 15 日正式成立。

二、整合资源

阳江市突发事件预警信息发布中心成立后，首先要解决办公用房问题。按照规划，中心设在阳江市新综合楼。为此，2013 年 3 月 18 日，阳江市的副市长组织市“三防”、水务、应急、气象、财政、住建、发改、审计、编办等部门的有关人员在阳江市政府召开协调会，研究解决中心办公楼的有关问题。会议要求各部门要统一思想，树立大局观念，积极支持配合，共同协调解决在阳江市公用事业集团综合楼项目增建阳江市突发事件预警信息发布中心办公楼中的相应问题。会议明确了由阳江市副秘书长负责统筹协调，阳江市气象局、阳江市住建局牵头办理。这次会议是阳江市突发事件预警信息发布中心建设迈开的重要一步。随后，阳江市委、市政府领导多次到工地督促工程进度。办公大楼建好后，副市长又召开会议研究内部装修和硬件建设问题，并亲自督促各相关单位通力合作，落实装修方案和信息化建设方案。

业务用房解决了，接下来就是机构如何设置、人员怎么组建等问题。11 月 20 日，应阳江市政府邀请，广东省气象局副局长率人事处有关人员与阳江市副市长、副秘书长、市编办主任、市气象局局长举行座谈，商讨阳江市预警信息发布中心整合组建方案，落实人员配置问题。

在整合过程中又发现了新的问题，即地方机构在应急职能上的交叉重叠问题。熟悉地方机构设置的人都清楚，"三防"办、应急办、气象、水务、国土、消防等多个部门和单位都有参与突发事件应急工作。但长期以来，大多数机构都是"单打独斗"，信息仅是在各部门之间流通就要消耗很多时间。

据阳江市副市长回忆，气象信息专报需要通过传真发送到各个部门，每个部门各发一遍，遇到问题还要重新确认，再次发送。从气象信息制作完成，到各个部门都接收到，起码需要七八个小时。收到气象信息后，各部门再以此为依据制定防灾减灾具体方案，这中间又不知道要花多少时间。在灾害发生前分秒必争，这种时间上的浪费是等不起的。他说，如果能将这些环节整合起来，让与应急相关的工作人员都聚在一起办公，各类预警信息汇总在一套系统里统一发布，相信效率将会大大提高。

因此，在预警信息发布中心组建过程中，阳江市又有了要将不同部门资源进行整合的新想法，即要整合市、县预警信息发布中心以及不同部门应急资源的新思路，这在思想上迈开了重要的一步。这样的想法虽然美好，但实行起来却很不容易。这项工作由阳江市委、市政府全力推进，广东省气象局派员驻点指导、阳江市气象局牵头承办。当时的阳江市委书记顶住压力，认为只要这项工作有利于防灾减灾需要，有利于百姓，就要果断去做。

在阳江市委、市政府与气象部门的共同努力下，2014 年 8 月 26 日阳江市应急指挥中心正式成立，它承担应急管理、安全生产和防震减灾等职能，统一发布自然灾害、事故灾难、公共卫生事件和社会安全事件(暂时未发布)4 大类突发公共事件预警信息，同时加挂阳江市人民政府应急管理办公室和阳江市突发事件预警信息发布中心牌子。阳江市"三防"办法定职责不变，与应急指挥中心合署办公，阳春市和阳西县参照阳江模式，成立县(市)一级应急指挥中心，对所有下辖县、乡镇应急单位进行整合。结合阳江实际，先后出台了一系列实施方案、实施意见、考核评价办法等多个政策性文件。

成立阳江市应急指挥中心，最重要的就是进行资源整合，要整合应急、"三防"、气象、地震以及其他应急成员单位，即"1＋1＋1＋1＋N"的整合思路，就是为了建立一套以人为本、预防为主、科学应对、高效有序的应急指挥系统。整合的目标是：

横向到边、纵向到底。“横向到边”就是力争将所有应急成员单位全部整合进来,将应急、气象、“三防”和地震等部门的大数据,同时接入公安、消防、海事、海洋渔业和电力等部门应急平台和视频监控大数据。当面临灾害威胁时,能及时调动这些部门的资源与人力,打破以往部门“数据孤立”“信息孤岛”及各自为战的局面,以实现应急大数据横向互联、互通及共享的目的。“纵向到底”就是阳江市应急指挥中心上可以连接省,甚至国家有关部门,下可以连接到乡镇,甚至村。它不仅能实时与广东省应急办、省防总和省气象局等省级网络平台连接互通,将预警信息汇总在一套系统里统一发布,还能与各县(市、区)、镇(街道)和村进行网络连接、视频连线,可以直通乡镇“三防”办乃至气象服务站等进行紧急会商,突发信息可以直达重点村,形成省、市、县、镇、村一体化预警信息发布体系。在这个一体化预警信息发布体系平台上,既可以看到气象局的信息,也可以看到电力、公安、消防等部门的信息。

三、“阳江模式”

这种上下贯通和左右衔接的数据交换平台和“横向到边、纵向到底”的全覆盖应急指挥模式,被称为“阳江模式”。

(一)“应急一张网”

阳江市通过建立功能齐全的应急预警信息和指挥平台,形成了全市应急行动“一张网”。通过“应急一张网”,阳江市初步构建起点、线、面有机结合的应急网络,市、县、乡镇实现无缝隙对接,标准化和信息化的风险管控、隐患排查和应急处理机制初步形成。

通过应急指挥中心这一张网,能随时接收前方一线的信息,市、县、镇视频连线已经到了乡镇,以及一些重点村,能第一时间收集与发布预警信息,布防救灾命令。阳江市村村都有大喇叭,大喇叭管理系统在应急指挥中心,这就解决了预警信息传播“最后一公里”的老大难问题。

(二)“应急一张图”

阳江市应急指挥中心接入了海事、安监、民政、国土、水利、卫生、地震、消防和武警等相关部门大数据,初步构建了“应急一张图”,它无缝隙融合了所有应急委成员单位,共享数据(灾害隐患点、重点防御点、应急物资和应急救援队等),形成了重点目标、重大危险源、应急队伍、应急资源和应急预案等基础大数据信息叠加的应急指挥调度“一张图”。

在这张图上,值班员轻点鼠标,就能在高分辨率 GIS 地图上调出包含灾情实况、天气预报、危化品场所和人口密度等信息。管理人员通过转动指挥大厅操作盘上的手柄，就可调整放大“三防”、海洋和渔业等部门设立在灾害隐患点的视频监控，通过预警信息发布平台大屏幕，码头、渔港和水库等重要位置的水情在第一时间就以最直接的方式呈现在指挥者面前。

“应急一张图”网罗了海量的应急数据及相关细节，气象灾害预警精细化到了6分钟、3千米的19000多个网点及包含下游1047个乡镇气象服务站和多种信息发布终端。

(三)信息靶向发布“一键式”

阳江市按照“报得早、审得快、发得出、传得畅、收得到、用得好”原则构建信息发布体系，信息发布渠道多样化，有电台、电视、网站、大喇叭、LED、短信、微博、微信等多种信息发布渠道。按照“一整合、两对接”思路，预警发布系统与决策辅助系统、发布渠道对接，实现预警信息快速靶向发布，对接多种发布渠道，实现一键式、多渠道快速发布，发布内容和手段突出“在线监控、在线显示、在线管理”。在管理上，坚持“平战结合”原则，“平时”负责日常气象信息对外发布和突发预警信息科普，“战时”负责突发事件预警信息发布。

(四)以防为主，集防灾、抗灾、救灾于一体

阳江市应急指挥中心成立后，防灾减灾工作以防为主，集防灾、抗灾、救灾于一体，统一发布自然灾害、事故灾难和公共卫生事件及预警信息。相关部门集中式办公，防、抗、救各个链条和多元主体的资源力量统一起来，具备信息发布、应急指挥等多种职能。“阳江模式”体现了党中央、国务院“两个坚持、三个转变”的综合防灾减灾救灾工作新理念、新要求。

四、成效初显

阳江市应急指挥中心边建设边发挥效益。

2015年抗击台风“彩虹”是对这一“模式”的完美检验。

(一)“彩虹”登陆

2015年10月4日14时10分，第22号台风“彩虹”在湛江市坡头区沿海地区登陆。该台风为新中国成立以来10月登陆广东的最强的台风过程，具有影响时间长、范围广、雨量大、强度高等特点，其登陆前后对阳江市有严重的风雨影响。3日20时—7日08时，阳江普降大暴雨到特大暴雨，其中永宁记录全市最大雨量达592.9毫米，另外还有3个站点累计雨量超过500毫米；400～500毫米的有8个站；300～400毫米的有14个站。大角山记录全市最大风力达13级(38.9米/秒)，大树岛记录全市最大阵风达15级(50.9米/秒)。详细情况见表1。

表1　2015年10月3日20时—10月5日08时风观测数据

站点	最大风速(米/秒)	阵风(米/秒)	站点	最大风速(米/秒)	阵风(米/秒)
髻山	18.1(8级)	30.3(11级)	八甲	10.5(<6级)	21.6(9级)
埠场	10.8(6级)	18(8级)	双窖	10.5(<6级)	23(9级)
平冈	13.6(6级)	22.2(9级)	河口	10.2(<6级)	21(9级)
波陵园	10.3(<6级)	20.1(8级)	潭水	12.3(6级)	24.7(10级)
东城	12.1(6级)	25.5(10级)	三甲	10.4(<6级)	23.9(9级)
大八	10.1(<6级)	20.3(8级)	马水	8.4(<6级)	18.6(8级)
北惯	5.4(<6级)	15.9(7级)	双捷	10.9(6级)	20.2(8级)
白沙	7.6(<6级)	16.4(7级)	岗美	11(6级)	23.5(9级)
新洲	12.2(6级)	25.3(10级)	春湾	7.7(<6级)	19.9(8级)
东平	19.5(8级)	29.9(11级)	石望	7.7(<6级)	17(7级)
大沟	25.2(10级)	32.6(11级)	轮源	10.2(<6级)	18.1(8级)
那龙	7.7(<6级)	15.3(7级)	上双	7.2(<6级)	16.9(7级)
红丰	16.7(7级)	26.6(10级)	卫国	8.7(<6级)	20(8级)
合山	8.5(<6级)	16.2(7级)	山坪	6.4(<6级)	17.1(7级)
春城	9.6(<6级)	17.7(8级)	那柳	7.2(<6级)	14.8(7级)
大角山	38.9(13级)	49.1(15级)	溪头	17.6(8级)	30.5(11级)
闸坡	16.9(7级)	34.8(12级)	青洲	14.8(7级)	20.9(9级)
海陵大堤	27.3(10级)	38.4(13级)	大树	36.8(12级)	50.9(15级)
程村	12.7(6级)	25.3(10级)	儒洞	9.5(<6级)	15.2(7级)
塘口	8.5(<6级)	18.9(8级)	牛头岭	18(8级)	29.1(11级)
新圩	18.8(8级)	40.4(13级)	沙扒中学	17.8(8级)	32.2(11级)
上洋	13(6级)	29.3(11级)	永宁	8.8(<6级)	18.9(8级)
塘坪	9.4(<6级)	18.5(8级)			

(注:数据来源于阳江市气象局)

(二)部署与防范

面对来势汹汹的“彩虹”,阳江市气象局严阵以待。早在29日全国国庆大会商时,针对即将到来的台风过程,阳江市气象局局长作出部署,要求国庆长假期间,预报员加强值班,及时报告最新的台风消息,他自己也一直坚守在气象台,准时参加全国、全省会商,实时掌握天气变化情况,并时刻关注“彩虹”可能对阳江造成的影响。负责应急指挥中心工作的同志与预报员共同分析实况及可能发生的变化,要求预报员在应对本次台风过程中要准确及时发布预报、预警信息,及时跟进服务,早在9月30日就向分管副市长汇报 10 月 4—6 日将会有台风影响，并带来明显的风雨过程；阳江市气象局另一副局长则亲自带领技术人员坚守在阳江雷达站机房，为预报作好技术保障。

(三)监测与预报

台风过程期间，阳江市气象台密切监视天气，积极会商。早在 9 月 28 日的《重大气象信息快报》中就预报："后期南海海面热带云团活跃，有可能发展为台风，我市将有一次明显的风雨过程。"并提醒："国庆假期后期有较强降水过程，需防御强降水及其诱发的山洪地质灾害；雨天路滑，请注意行车安全。我市沿海海面和南海风力加大，海上船只和作业人员需注意安全；到海边和岛屿旅游，要密切留意海上大风，确保海上活动安全。"

10 月 2 日台风刚刚生成时，阳江市气象台就在第 23 期《重大气象信息快报》中预报："'彩虹'将以 20 千米左右时速向西北方向移动，强度逐渐加强，可能于 4 日早晨到白天以强热带风暴或台风级(11～12 级，30～35 米/秒)强度在粤西到海南东部沿海登陆。受其影响，3 日下午起，我市风雨逐渐趋于明显，4—5 日，有大雨到暴雨、局部大暴雨的降雨过程，沿海海面风力将加大到 9 级、阵风 11 级，沿海陆地风力 7 级、阵风 9 级，其中 4 日风雨最明显，展望 6—7 日仍有阵雨或雷阵雨，局部雨势较大。阳江市台风黄色预警信号已于 2 日 11 时 07 分生效，请提前做好防御工作。"并提醒："当前正值国庆假期，沿海和海岛旅游需高度注意安全。近海海域作业渔船、渔排作业人员需回港或上岸避风。需做好建筑工棚、人工构筑物、户外广告牌、道路绿化树木等的防风加固工作；各单位注意关闭办公场所门窗，玻璃门窗需及时加固。注意防御'彩虹'强降雨可能引发城乡积涝、局地山洪及山体滑坡等地质灾害，请密切注意做好监测和防御工作。"

10 月 4 日，台风登陆后，阳江市气象台继续发布暴雨预警信息，提醒市民：注意防御"彩虹"强降雨可能引发城乡积涝、局地山洪及山体滑坡等地质灾害，请密切注意做好监测和防御工作。

(四)信息发布

"彩虹"影响期间，阳江市气象局按照"准确、及时、主动、科学"的标准，及时发布天气预报预警服务工作。经阳江市气象台台长核实需要发布预警信号时，即通过微博、微信、短信、网站、电视、电台等方式把消息发送出去。在各次的预警信号发布中，由专人负责审核发布内容，专人负责遣词造句，尽量做到提前预报、用词温馨、贴近群众。应急短信、应急微博、应急网站、应急电话、手机客户端、公众显示屏、应急电视、应急广播"八大渠道"发送畅通，市民接收方便。这些信息都是通过阳江市应急指挥中心统一发布的。强台风"彩虹"过程中，阳江市突发事件预警信息发布中心发送各类预报、预警短信约 2000 万余人次，决策短信约 20 万余人次，为社会公众正确防御灾害提供有效指引。

据灾后调查,大多数群众均表示能够通过各种渠道方便地获取台风灾害等气象预警信息,并认为气象预警信息准确、及时,对防御灾害有用。

另外,阳江市气象局与阳江广播电视台密切联系,每小时及时更新最新的台风位置和风雨实况;与国土资源局联合通过决策短信平台发布了地质灾害联防短信。

(五)指挥决策

阳江市应急指挥中心既是信息发布中心,同时也是应急指挥中心。3—5 日,阳江市委书记、市长、副市长等多次到阳江市应急指挥中心指挥防风、抢险、救灾工作。在中心的大屏幕上显示着实时灾情,可以看到台风路径预报结论、各地防灾实景和灾害风险点滚动显示等信息。

10 月 3 日,从阳江市应急指挥中心大屏幕上监测到海陵岛渔船多、大角湾景区游人多,市委书记就立即亲自到这两个地方检察渔船回港避风和景区防风措施落实情况。由于实现了信息共享,在闸坡渔政大队同样可以看到从应急指挥中心传来的实时画面,市委书记一边查看渔港监控画面和台风路径,一边现场指挥防风工作,保证景区人员疏散和 5000 多艘渔船都回港避风。

同样,在阳江任何地方发生突发事件,都可以通过阳江市应急指挥中心看到现场应急画面,了解现场具体情况,可以直接指挥到现场,及时定点进行防救工作。通过 GPS 网络系统,应急指挥中心与渔船紧密联系在一起,江面上的各条渔船都能在大屏幕上清清楚楚看得见,阳江海事局能够及时与船主取得联系,为他们提供撤退路线和避风路线。在阳江市应急指挥中心大屏幕上能够看到全市水库的实时情况,需不需要泄洪、什么时候泄、泄多少等决策通过应急中心可以及时下达到每一个水库。

通过"一张图",中心与二三十个成员单位实行无缝对接,气象、"三防"、应急和水务等部门联动,留给相关部门启动应急预案的时间宽裕了很多,实现了防、抗、救一体化。如果防救过程中遇到交通堵塞了,阳江市应急指挥中心通过视频电话就能直接联系交通部门协调疏通。

由于中心的卫星云图实时采集分析系统是时刻刷新的,还设有应急视频监控会商系统,中心通过视频能与风眼较近的指挥中心直接联系,中心与灾区、民众、指挥人员等实现了零距离。

(六)效果初显

此次强台风"彩虹"具有影响时间长、范围广、雨量大、强度高等特点,是有气象记录以来 10 月登陆广东的最强台风。由于信息发布及时,指挥得当,为防灾减灾赢得有利时间,转移人口 1.11 万人,没有造成人员伤亡,实现了"大灾无大难、人员零伤亡”。

五、继续向前

2016 年 5 月，在国家突发事件预警信息发布工作推进会上，广东省省长对阳江市的工作表示肯定。他在讲话中强调，阳江市应急指挥中心建设符合全省大应急思想，要把所有涉及公共安全的部门整合起来，资源要整合、共享，部门相互之间要有统筹和协调，要有一个引领高效的机制。各部门的整合，对阳江很管用，也有着现实的需求。在防灾减灾，特别是应对天灾方面，阳江要为全省创造经验。

广东省气象局局长指出：阳江突发事件预警发布体系框架已初具规模，接下来的重点是软实力建设，进一步加强部门合作、信息共享。不断完善预警发布工作“一张图”建设，做到与各应急相关部门信息相叠加，特别是派生出对防灾减灾有用的、延伸的数据，更要重视本地信息的接入，广东省气象局将一如既往支持阳江市预警信息发布平台的建设。

2017 年 2 月 8 日广东省气象局和阳江市签署全面推进气象现代化示范点建设合作协议。根据合作协议，双方将进一步完善阳江市“大应急”体系，包括建设阳江市突发事件预警信息发布系统、灾情信息库、危险辨别和风险评估系统、灾害监测网络和灾害预警等级指标体系。

展望未来，有合作协议的保障，有广东省气象局的大力支持，阳江市预警信息发布工作将更加完善，防灾减灾及应急管理也将迈上新台阶。

【思考题】

1. 运用 SWOT 分析法对阳江市“大应急”模式的形成进行分析。
2. 阳江市“大应急”模式值得借鉴的主要经验是什么？
3. 结合本地实际，如何促进本地防灾减灾工作？

【要点分析】

一、防灾减灾新理念的提出

2016 年 7 月 28 日，习近平总书记到河北省唐山市考察，就加强防灾减灾救灾能力建设提出“两个坚持、三个转变”，12 月 19 日中共中央、国务院下发的《关于推进防灾减灾救灾体制机制改革的意见》中进一步明确了这一说法，即要“进一步增强忧患意识、责任意识，坚持以防为主、防抗救相结合，坚持常态减灾和非常态救灾相统一，努力实现从注重灾后救助向注重灾前预防转变，从应对单一灾种向综合减灾转变，从减少灾害损失向减轻灾害风险转变，全面提升全社会抵御自然灾害的综合防范能力”。

二、广东省气象局综合防灾减灾的实践

广东省践行防灾减灾新理念,"综合防灾减灾"的思路清晰,即"综"的是各种突发事件涉及的多种灾害类型及其相互联系,"合"的是防、抗、救各个链条和多元主体的资源力量。在技术上,以气象大数据做支撑,建设决策辅助平台"一张图",编织精细预警信息"一张网",实现靶向预警发布"一键式"。通过互联网+解决了信息的全面性和针对性。在制度上,构建广东省一体化突发事件预警信息发布体系,省市县是一体化的数据库、一体化的数据服务平台、统一的数据接口标准、统一的LED显示屏和大喇叭的接口标准。在实践中,广东省突发事件预警信息发布有三种模式:充分集约型、适度集约型和整合集约型。阳江市是充分集约型的模式。

三、阳江市"大应急"模式值得借鉴的主要经验

根据学员讨论,阳江市"大应急"模式值得借鉴的主要经验有:

加强部门合作,打破部门壁垒、整合部门资源,真正实现部门间资源统筹和信息共享。

始终围绕地方政府的中心需求,找准本地防灾减灾切入点,主动融入,乘势而为。

充分发挥气象部门体制和技术优势,构建标准化、规范化、信息化、集约化、精细化的网络平台。

以提升气象监测、预报能力为核心,加强自身能力建设、加强人才队伍建设。

健全法律、法规、预案、标准体系。

转变思想,破除一切不合时宜的思想观念和体制机制弊端,突破利益固化的藩篱,要有开放、合作、包容的心态等。

上下联动，精细服务，筑牢气象防灾减灾第一道防线
——甘肃省舟曲县“8·8”特大山洪泥石流防灾减灾案例

段永亮[1] 曾凡雷[1] 闫文君[2]

（1. 中国气象局气象干部培训学院；2. 中国气象局气象干部培训学院甘肃分院）

摘要：深入理解和认识防灾减灾第一道防线论述的丰富内涵、理论渊源和实践意义，是习近平对于气象工作重要指示的重要内容之一。为进一步加强学员对习近平防灾减灾第一道防线论述的认识，提高学员对监测精密、预报精准、服务精细以及生命安全、生产发展、生活富裕、生态良好的认识和理解，案例组在深入调研的基础上，通过对大量实践案例和政策文件的分析，结合当前气象防灾减灾培训的需要，开发该案例，目的是通过该案例帮助学员进一步加深对气象防灾减灾第一道防线理念的认识和理解，提高学员形势分析和集体决策能力。

关键词：山洪泥石流 气象应急服务保障 防灾减灾

2010 年 8 月 8 日凌晨，一场突如其来的特大山洪泥石流突袭了甘肃省甘南藏族自治州舟曲县。瞬间，原本美丽安逸的山城被倾泻而下的泥石流摧毁，继“5·12”汶川大地震后，舟曲再遭重创。灾情之重，损失之大，伤亡人数之多，救灾难度之大，极为罕见。

舟曲特大山洪泥石流灾害主要涉及舟曲县城关镇和江盘乡的 15 个村，两个社区，受灾面积 24 平方千米，受灾人口 26470 人，遇难 1501 人，失踪 264 人。受泥石流冲击的区域被夷为平地，城乡居民住房被大量损毁，交通、供水、供电、通信等基础设施陷于瘫痪，泥石流涌入白龙江，形成堰塞湖，回水使县城南北滨河路被淹，白龙江城区段两岸大部分楼房和平房严重受浸，造成巨大损失。

一、序幕

（一）陇上桃园

舟曲县位于我国甘肃省南部，地处甘南藏族自治州东南部，其东邻武都区，北接宕昌县，西南与迭部县、文县和四川九寨沟县接壤。全县总面积为 3010 平方千

米,辖 17 个乡,2 个镇,210 个行政村,总人口 13.47 万人。境内年平均气温 12.7 ℃,年降水量在 400～800 毫米,年无霜期平均为 223 天,冬无严寒,夏无酷暑,素有“陇上桃花源”之称。

舟曲县地处南秦岭山地,地势西北高,东南低,是典型的高山峡谷区,气候属温暖带区,“一江两河”(白龙江、拱坝河、博峪河)贯穿其中,地形地貌复杂,自然灾害频繁。白龙江谷地海拔较低,其高度在 1200 米左右,南北两侧的山地高峰可达 4000 米以上。县境内山峦重叠、沟壑纵横、地形复杂,是典型的高山峡谷区。舟曲县地质构造上属于横断山脉造山带西段,地势险峻,河谷深切。山体主要为变质岩,结构极不稳定,大量松散物质沉积于河床。山高、谷深、石头多、坡陡、土薄、水流急,荒山荒坡水土流失,泥石流、滑坡严重是舟曲县的自然现象。舟曲县是我国泥石流灾害的高发区和频发区,也是国家级三大地质灾害多发县(滑坡类地质灾害密度高达 0.052 处/平方千米),有多达 279 处地质隐患点,三眼峪和罗家峪是其中两处重大的隐患点。据调查,自 1823 年以来,三眼峪灾害性泥石流就曾经暴发过 11 次,1978—1994 年,共暴发泥石流 5 次,平均 4 年一次。1961 年、1989 年、1992 年的泥石流对县城造成巨大危害,其中 1992 年的泥石流为 50 年一遇,造成 23 人死伤,经济损失达 700 多万元。

(二)惊心动魄

2010 年 8 月 7 日 08 时—8 日 08 时:甘南州大部分地方出现强对流天气,并伴有突发性强降水①(表 1)。8 月 7 日午夜时分,当山城的人们都已经进入梦乡时,舟曲县城东北部山区突降特大暴雨,持续 40 多分钟,降雨量达 97 毫米,引发三眼峪、罗家峪等 4 条沟系发生特大山洪泥石流灾害。人们只听得地动山摇般的呼啸的风声来了,接着像大片里描述的铺天盖地的灾难来临一样,洪水和泥浆、大大小小的石块,以每秒约 10 米的速度狂泻而下,强大的气浪和冲击波混合成隆隆巨响,泥石流以不可抵挡之势来袭。泥石流涌入白龙江,形成堰塞湖,回水使县城南北滨河路被淹,白龙江城区段两岸大部分楼房和平房严重受浸,部分房屋倾斜。

灾情之重、伤亡人数之多、损失之大,在甘肃乃至全国同类灾害中都属罕见。

① 舟曲县(08—14 时无降水)降水量为 4.9～96.3 毫米(表 1),其中东山镇(距县城 10 千米)降水量达 96.3 毫米,降水集中在 7 日 23—24 时,1 小时最大降水量达 77.3 毫米,舟曲县城 08 时以后降水停止。

表1　8月7日08时—8日08时甘南州区域站雨量　单位：毫米

玛曲	玛曲	0.3		博拉	1.7
	阿旺仓			甘加	7.5
	大水	0.1		王格尔塘	0.2
	曼日玛		舟曲	舟曲	10.0
				立节	4.9
				峰迭	17.6
迭部	迭部	12.8		石门坪	30.6
	旺藏	18.3		木耳坝	25.3
				东山	96.3
	腊子口	36.7	卓尼	卓尼	10.5
	达拉	4.8		完冒	58.3
	白云	17.4		刀告	20.7
	扎尕那	7.1		大峪沟	1.4
	多儿	5.4		纳浪	30.7
	代古寺	93.8		录巴寺	21.0
临潭	临潭	13.3		恰盖	12.6
	新城	3.3		康多	6.9
	青石山	5.4		藏巴哇	19.6
	冶力关	15.3			
	王旗	30.5			
	羊沙	13.7			

二、预报预警

（一）预报

兰州中心气象台预报：8月7日17时发布预报，7日夜间到8日白天，武威以东有阵雨或雷阵雨，其中临夏、白银、定西、天水、平凉、庆阳局部地方有中雨；省内其余各地晴或多云。8日夜间到9日白天，临夏、甘南、庆阳等州市多云间阴，局部地方有阵雨或雷阵雨，并伴有雷电和短时阵性大风；省内其余各地晴或多云。

甘南州气象台预报：7日17时发布预报，24小时全州晴间多云有小阵雨。

舟曲县气象局预报：7日17时发布预报，7日夜间到8日白天，多云转阵雨，气温在23～32 ℃。

(二)预警

此次一级气象服务应急响应期间(8 月 8—23 日),甘肃省气象局总计发布预警信息短信 65 条,总计接收 11606336 人次。其中,移动接收 11203391 人次,联通接收 237122 人次,联通公益通道(8 月 20 日开通)接收 165823 人次。

向甘南灾区发送预警短信 15 条,总计接收 622808 人次,其中移动接收 604398 人次,联通接收 18410 人次。

兰州中心气象台于 8 月 7 日 20 时发布甘肃省雷电黄色预警信号:预计未来 12 小时,甘南、临夏、定西、白银、平凉、庆阳等州市部分地方有雷电,并伴有雷阵雨和短时阵性大风。8 月 8—21 日共发布省级暴雨及雷电预警信号 24 期。其中,暴雨红色预警信号 3 期,暴雨橙色预警信号 8 期,暴雨黄色预警信号 7 期,雷电橙色预警信号 2 期,雷电黄色预警信号 4 期。

召开新闻发布会 3 次,多次接受甘肃卫视、甘肃省广播电台、甘肃交通广播电台采访。

三、监测预警

(一)应急监测

甘肃白龙江流域 2008—2010 年建设有 31 个区域站。8 月 8 日特大泥石流灾害发生后,甘肃省气象局紧急抽调移动气象站赴舟曲进行应急气象监测。在中国气象局的大力支持下,紧急在白龙江流域增加 10 个区域气象监测站(共 41 站),同时四川省紧急征调移动多普勒雷达和风廓线雷达到甘南迭部支援舟曲救灾气象服务工作。中国气象局兰州干旱气象研究所在玛曲的风廓线雷达也为此次救灾服务提供了大量资料。甘肃省气象局气候中心、中国气象局提供卫星云图和云图资料。同时,按省委、省政府及军队部门需求,8 月 8 日 13 时开始,先后 3 次临时增加灾区周边气象台站(礼县、西和、宕昌、岷县、甘谷、舟曲、武都、迭部、文县、成县、康县、徽县 12 站)航空天气报告和危险天气通报发报任务。

(二)联防联报

此次灾害发生后,中国气象局各职能司,中央气象台、国家气候中心、卫星中心、气象探测中心等各直属单位都给予了预报技术指导和技术援助。中央气象台在 8 月 9 日派国家级首席预报员到甘肃省气象局指导、帮助甘肃全省及舟曲灾区预报。中央气象台系统实验室派出两位专家紧急向兰州中心气象台安装最新 MICAPS3.1.1 版本,并协助提供 EC 数值预报资料。中国气象局气象探测中心派技术人员前往灾区指导新增区域站的建设。

西北区域一直都保持着灾害性天气发生时联防联报的优良传统。甘肃省气象局与四川省气象局、陕西省气象局加强监测信息共享工作和灾害性天气的联报联防工作。甘肃省气象局在8月11—12日陇南、天水局地大暴雨的气象服务中,及时向陕西省气象局提供渭河流域区域站雨情、雷达资料近140期,渭河流域天气预报10余期。其中,四川省气象局及时将白龙江上游四川境内的区域站雨情及时传递给甘肃省气象局,阿坝州气象局发送白龙江流域专题预报近100期。

甘肃省气象局注意加强省内监测联防工作,要求兰州中心气象台以及甘南、陇南、临夏、天水、平凉、庆阳等市气象局加强监测联防,及时互通监测预警信息,充分发挥区域站、雷达和气象信息员、协理员在预报预警和服务中的作用,加强对甘南、陇南的针对性技术指导,及时发布预报预警指导产品。

同时,甘肃省气象局气象服务中心还多次与移动、联通、电信3家运营商沟通,要求对方因此次应急事件提供甘南灾区及陇南地区的手机用户全网发布权限。3家运营商提供的用户数量分别为:移动100万人、联通12万人、电信5万人。甘肃省气象局为此次提供的用户免费发送所在地常规天气预报及天气预警信息。

四、地方政府的应急响应

归纳起来,地方政府的应急响应表现为前期反应迅速,应急响应及时、全面、有序,应急处置注重创新等特点。

(一)快速自救

突发事件发生初期,基层前期处置和群众自救对于拯救生命、控制灾情至关重要,做得好,可以事半功倍。灾害发生后,舟曲县于8日00时35分利用高音喇叭和防空警报发出紧急疏散撤离预警信号,第一时间紧急启动突发公共事件总体应急预案;县级领导和机关干部自觉主动迅速赶赴受灾现场,各级党组织迅速响应,于当夜紧急组织了6支党员突击队和县、乡、村2000余名干部职工全力疏散转移安置群众、搜救被困人员、救治伤病员、维护现场秩序、调查统计灾情。由此可见,此次抢险救灾工作,基层的先期处置工作是及时有效的。

(二)迅速响应

时间就是生命,迅速响应永远是应急管理的基本要求。在此次应急响应过程中,接到求援请求的兰州军区于02时30分全速启动应急响应机制,州、省、中央政府各有关方面都迅速启动了应急响应机制。03时,舟曲县成立了县抗洪救灾领导小组和指挥部;06时,甘南州成立了州县两级合一的抢险救灾领导小组和指挥部;8日当天各级各方面抢险救灾指挥部相继成立。舟曲驻地武警官兵、各有关兄弟省、市、县,以及各民间组织、公民个人,都迅速赶到受灾现场或以其他方式投入到救灾工作中去。这次一方有难、八方支援的快速行动举世瞩目,赢得了世人的尊重。

(三)系统应对

应对突发事件是一项复杂的系统工程。此次抢险救灾工作是在地形复杂、空间狭窄、经济落后的偏远西部山区进行,任务十分艰巨,但各方均克服重重困难,有效地推进了工作:以解放军和武警部队为主力、地方政府配合的现场清淤搜救队伍奋力救人、快速清淤、疏浚河道;负责生活安置、医疗卫生及水、电、路、通信基础设施与治安维稳等各项应灾恢复工作的队伍各自全力以赴开展工作;地质灾害检测监测与预防、卫生防疫等紧急应对次生衍生灾害工作有声有色;宣传报道和群众工作系统对新闻界进行了有效的服务和管理,与群众做了及时有效的沟通;灾后恢复重建工作提前启动、提前规划;综合信息、综合协调和监察工作有效展开。此次抢险救灾工作面之广泛和周全,也是空前的。

(四)有序协作

巨灾应急抢险工作是一项跨层级、跨部门、跨党政军民社会各界的复杂工作,各个方面之间能否有效配合协调关系重大。此次抢险救灾在组织有序方面可圈可点。在全面掌控上,国务院办公厅发布了《关于有序做好支援甘肃舟曲灾区有关工作的通知》,有效疏导了资源流动的秩序;在组织指挥上,州县指挥部合二为一,各级各方面指挥与协调机构灵活采取现场沟通、会议沟通、文件沟通等协调方式,整个指挥系统有效;在具体实施上,以州县指挥部 11 个工作组统筹的各方面工作,均在本地人员与外地来援人员、地方与军队、地方与上级机关、政府与民间机构和媒体记者等各方的密切合作中有效展开。

(五)大胆创新

在舟曲,大胆创新成为有效救援的一个亮点。例如,在指挥系统方面,地方政府成立州县联合统一的指挥部,由州县两级干部联合领导指挥部及其各个工作组,减少了管理层级;在应急响应机制建立方面,舟曲在灾后迅速建立"五户联保"机制,结合各村农户居住和地理条件等实际,每 5 家农户组成一个应急避险小组,所推选的户长负责预警监测、避险演练、组织转移、协调联络、防灾减灾宣传等;在新闻服务方面,新闻中心开通电子信箱,随时上传有关信息和新闻线索,及时有效地将相关信息和新闻线索传递给各新闻媒体记者,方便了记者采访报道;在恢复市场供应方面,省、州、县工商部门联合,先后建立了"舟曲急需商品临时市场""背篓市场"和"日用品临时市场",有效缓解了县城对蔬菜和日用品的消费需求;在教育安排方面,组织高中生异地借读,调剂了校舍的不足。方方面面的创新破解了难题,保证了抢险救灾任务的完成。

五、气象部门的应急响应

(一)中国气象局紧急响应

8月8日05时30分，获悉灾情后气象部门的首次救援部署紧急启动；09时20分，第一份甘肃舟曲县特大山洪泥石流灾害决策服务材料送达党中央、国务院。“气象应急保障服务对灾区的抢险救灾十分关键!”舟曲特大山洪泥石流灾害发生几个小时后，中国气象局局长火速前往甘肃天水现场指导气象应急保障服务工作。当日17时30分，中国气象局启动重大气象保障二级应急响应，全力以赴保障舟曲特大山洪泥石流灾害抢险救灾工作。8月9日，中国气象局成立了舟曲特大山洪泥石流灾害气象应急保障服务工作组，其下设综合协调组、气象服务组、技术保障组、救灾保障与恢复重建组、宣传信息组和后勤服务组6个专项小组。于当天下午召开了工作组的第一次会议，对工作组的具体任务进行了部署。

(二)甘肃省气象局的应急响应

8日05时左右，接到舟曲突发特大山洪泥石流灾害情况报告后，甘肃省气象局领导立即赶到会商室，全面部署和指挥救灾气象服务工作，并向省政府及时报告天气实况和未来天气预报，同时派出由减灾处领导带队的工作组，立即奔赴甘南州气象局指导救灾气象服务工作；并派出灾情调查组前往舟曲进行实地调查。8日13时30分启动“甘肃省气象服务一级应急响应”，甘肃省气象局和甘南、陇南两市州气象局进入一级应急响应状态。

8日07时24分，通过应急平台向中国气象局应急信息管理平台报送重大突发事件报告2010年第68期；8日07时34分、09时33分，向中国气象局应急办发送重大突发事件报告2010年第69期；只要收到最新灾情，随时向中国气象局应急办发送重大突发事件报告；8日07时34分向中国气象局减灾司应急减灾处电话汇报情况。

甘肃省气象局8日11时向省委、省人大、省政府、省政协、兰州军区等部门报送重大信息专报1期，并通过甘肃省电视台、甘肃日报、甘肃卫视、甘肃广播电台等媒体发布甘南及全省天气预报。

紧急安排部署，要求全省气象部门做好救灾气象服务工作。组织从附近县气象局运送发电机、打印机以及生活救灾物品，第一时间赶往舟曲，确保业务系统的正常运行。

灾后应空军救灾要求，紧急组织陇南、定西、天水、甘南州气象局以及甘肃省气象局信息中心配合空军抢险救灾飞行任务，从8日13时开始，舟曲周边台站增发航空天气报告和危险天气通报。

甘肃省气象局下发了组织做好汛期综合气象观测工作以及救灾气象观测工作的通知、加强决策气象服务的通知等,确保全省气象服务万无一失。

紧急组织协调便携式区域站等应急观测设备进入灾区。

派出相关技术人员、卫星直播车、灾情拍摄车组成的灾害应急小组赶赴舟曲灾区,经过连续的艰苦工作,应急调查小组克服各种困难展开灾情调查、新闻转播工作,共收集灾情视频素材 2 个多小时,在气象频道直播新闻 50 多分钟,在国家气象正点播报、风云快报、中南海专报等栏目中播出舟曲抢险救灾气象服务各类新闻 20 余条,确保了气象服务信息的及时畅通。

8 月 7 日 19—24 时,中心台值班台长、值班首席等一直坚守在天气会商室,在雷电和暴雨预警信号发布后,分别向甘南、临夏、陇南等气象台提出要求,密切监视天气变化,及时向中心台上报区域站雨情和灾情。

(三)州县气象局应急响应

8 日 01 时 40 分,甘南州气象台向州政府办公室、州政府应急办、州防汛办公室电话汇报雨情实况。02 时 15 分,甘南州气象台向副州长手机短信汇报雨情。灾情发生后,甘南州气象局局长立即带领有关人员于 8 日 02 时赶赴受灾现场,紧急部署抗灾救灾气象服务工作。甘南州政府于第一时间立即启动一级应急预案,甘南州气象局按照应急预案职责要求,立即启动甘南州暴雨三级应急响应。在舟曲和迭部网络通信不通的情况下,及时利用各种途径调查了解及时上报灾情。州气象台组织全体预报员,为政府及有关部门紧急会商天气,开展气象服务。甘南州气象局召开紧急会议,通报了州政府紧急会议关于启动一级应急预案、舟曲灾情及启动甘南州暴雨三级应急响应的内容,部署了救灾气象服务工作。

8 日 00 时 16 分,舟曲县气象局局长向县政府办公室主任电话汇报雨情。

六、气象服务

自 8 日起,甘肃省气象局各直属单位及甘南、陇南两市州气象局进入一级应急响应状态,成立舟曲特大山洪地质灾害应急气象服务领导小组,并派出由减灾处领导带队的工作组,立即奔赴甘南州气象局指导救灾气象服务工作。

(一)公众气象服务

以灾区气象服务为重点、加强气象服务工作。通过电话、短信、彩信、电视、网站等方式向社会公众、受灾行业发布灾区未来天气预报、通报气象服务工作,在灾民自救、社会知情等方面发挥了气象部门应有的保障服务作用。通过各种媒体发布天气实况、24 小时天气预报、48 小时天气预报、舟曲县及白龙江流域上游专题天气预报、甘肃省主要城市天气预报、重大灾害天气预报预警；并在中国气象频道和甘肃气象频道通过滚动字幕发布各市州预警信息65条，发布临夏段舟曲抢险救灾道路预报9条，逐小时发布舟曲县及白龙江流域上游专题天气预报。让公众“及时、准确、全方位、多角度”接收天气预报信息，让抗灾救灾更顺利地进行。

（二）决策气象服务

8月8—23日，甘肃省气象局共发布6期《重大气象信息专报》，省气象局领导向省委、省政府领导进行了专题汇报。决策服务面向省委、省人大、省政府、省防汛抗旱指挥部等部门，并通过甘肃省电视台、甘肃日报、甘肃卫视、甘肃广播电台等媒体发布甘南及全省天气预报。得到省领导批示5次，省政府以明传电报转发气象服务材料4次。

8月8日11时，发布题为《舟曲8—10日白天气象条件利于救灾，10日夜间至12日甘南州有大到暴雨，注意防范》的重大信息专报1期。8月10日报送《11—13日舟曲及白龙江流域上游和河东将出现暴雨天气，舟曲灾区和河东都需防范地质灾害》；8月12日报送《未来10天我省仍多雨，白龙江流域和河东将有暴雨天气，舟曲灾区和河东都需防范地质灾害》；8月15日报送《17—21日河东将有两次大到暴雨天气，舟曲灾区和河东大部都需防范地质灾害》；8月21日报送《23—25日我省陇东南局地有暴雨，舟曲县局部有大到暴雨，提请防范地质灾害》；8月23日报送《舟曲县秋、冬季气候特点与灾后过渡期群众安置专题服务》。

此外，甘南州气象局共编发7期《重大天气信息专报》，发布预警信号3期。舟曲县气象局共发布28期《舟曲决策服务专报》，发布预警信号3期。

（三）专业气象服务

8月9日开始每日两期，制作发布《舟曲灾区交通气象服务专报》，专报包括道路天气实况、各路段逐12小时定量降水预报、地质灾害预警提示、运输建议与提示等内容。专报向甘肃省政府应急办、甘肃省民政厅社会救助处、兰州军区、兰州空军、兰州武警、甘肃省公路局、甘肃省电力局、甘肃省高速公路运营中心等发布，为各部门救灾工作和物资运输提供气象服务保障。8月10日开始每日制作发布1期《舟曲灾区公共卫生防疫专题气象服务》。根据舟曲降水、气温、湿度等气象要素的分析，对舟曲公共卫生防疫工作进行服务。到8月24日08时，共制作甘肃省《舟曲灾区交通气象服务专报》32期、《舟曲公共卫生防疫专题气象服务》15期。

七、服务效果

(一)预警信息效果

甘肃省气象局及时向政府等决策部门提供重大气象信息专报和发布气象灾害预警信息,为政府决策和防灾减灾提供了可靠依据。

兰州中心气象台 2010 年 8 月 8—21 日共发布甘肃省暴雨及雷电预警信号 24 期。兰州中心气象台 8 月 11 日先后提前 5 小时和 7 小时向天水、陇南发布甘肃省暴雨橙色预警信号 2 期,当地政府接到气象部门的预警信号后组织转移人口 5 万余人,避免了重大人员伤亡和财产损失。舟曲特大山洪泥石流灾害后,紧急转移安置人口 21509 人;成功解救受灾群众 1243 人,其中部队解救 563 人。

公共气象服务中心及时发布各类灾区天气预报信息,为公众及时快速了解气象信息提供了快捷通道。积极与移动、联通、电信 3 家运营商沟通,要求对方为用户免费发送所在地常规天气预报及天气预警信息。

(二)决策服务效果

在 8 月 10 日甘肃省气象局向省委、省政府等相关部门提供的《甘肃省重大气象信息专报》上指出“未来 10 天我省仍多雨,白龙江流域和陇东有暴雨,舟曲灾区和陇东都需防范地质灾害”。甘肃省副省长、省委秘书长分别在该专报上做了批示。灾害发生后甘肃省委、省政府领导先后对气象部门报送的气象信息批示 5 次,对气象部门气象预警服务工作的及时到位给予肯定。其中省委领导批示:气象部门在舟曲抗洪救援工作中,积极发挥职能作用,为省委领导提供了良好的气象信息服务。

(三)公众气象服务效果

通过电话、短信、彩信、电视、网站等方式向社会公众、受灾行业发布灾区未来天气预报,通报气象服务工作,并积极联系兰州晚报、兰州晨报、兰州鑫报等报纸媒体,对甘肃省气象部门抢险救灾工作进行了及时的报道。在灾民自救、社会知情等方面发挥了气象部门应有的保障服务作用。同时,甘肃省气象局气象服务中心通过彩信、语音平台及时发布各类灾区天气预报信息,为公众及时了解气象信息提供了快捷通道。

在卫视文化频道通过主持人的口播和图文并茂的形式向观众预报了舟曲县及白龙江流域上游天气情况以及未来两天天气、公路交通以及医疗卫生的气象预报。通过公共频道气象前沿栏目穿插了通往舟曲灾区的交通天气实况,为到灾区救援的车辆和行人提供了最前沿的道路天气预报信息。同时通过文化百姓气象站,预报未来24小时天气预报、48小时天气预报、未来3天的天气情况。

准确及时的公众气象服务使全省人民及时了解了舟曲特大山洪泥石流灾害期间的天气变化信息，提前采取有效措施，取得了明显的社会效益。

(四)专业气象服务效果

灾害发生后，8日上午，与可能会受影响的专业服务用户进行了电话沟通，了解到电力、交通、信息通信等行业有一定影响，对未来几天天气进行了介绍。8日13时50分起根据情况不定时向甘肃省电力公司通报了天气情况，发布天气实况和未来3小时未来、5天天气预报，为电力公司抢修电力设施提供了决策依据。

【思考题】

1. 如何理解气象防灾减灾第一道防线重要论述的重要意义和丰富内涵？
2. 如何准确把握突发事件现场对气象服务保障的需求？
3. 结合基层实践思考气象部门应该如何做好重大灾害气象服务保障工作？

【要点分析】

一、深刻认识和理解气象防灾减灾第一道防线重要论述的重要意义和丰富内涵

充分发挥气象防灾减灾第一道防线作用，昭示着气象部门要在防范化解自然灾害风险中勇担先锋、打好头阵、站好前哨，充分发挥气象监测预报预警的消息树作用、在灾害风险管理中的支撑作用，发挥气象服务在应急救援中的基础保障作用，发挥气象部门在突发事件预警发布中的综合枢纽作用。认真领会、深刻把握新时代气象防灾减灾第一道防线的新内涵，具有重要的理论和实践意义。概括起来，可归纳为：坚持“一个中心”、把握“两个重点”、抓实监测精密、预报精准、服务精细的根本和瞄准生命安全、生产发展、生活富裕、生态良好的定位。

二、基层气象部门应该如何做好重大灾害气象服务保障工作

(一)准确把握需求是做好突发事件现场气象应急服务的根本

要科学研判突发事件现场对气象部门的需求，不同的突发事件，其现场环境、季节、地形及参加抢险救援的人员构成、分布和救援工作流程等各不相同，对所适应气象条件的界定和服务内容的需求也不相同。

(二)完备的天气监测是做好突发事件现场服务的基础

现场单点监测数据与站网监测数据的融合使用。要重视现场监测数据对基于站网监测数据和网格化技术的预报结论的检验和订正作用。要研究实况数据的服务价值，对现场救援而言，有时实况比预报更让人关注。

(三)畅通可靠的通信保障是做好现场气象服务的前提

准确把握高科技的通信技术与现场通信传输需求的结合(高级的不一定是适用的)。准确定位气象应急车的作用(应急车是服务平台,不是气象中心)。对于现场服务而言,需要的是实况数据、预报结论、决策服务产品和应急指挥信息的及时传输,而不是全部气象业务数据信息。

(四)部门内部优势力量的良好协作是做好现场气象服务的保障

现场服务分队只是气象应急服务体系在事故现场的执行者,现场业务服务所需的资料、技术等支持和预报服务产品的形成要靠部门内相关单位的共同协作才能完成。任何一次重大气象保障和服务工作,都是基于部门内部优势力量的良好协作才得以圆满完成。

(五)科学务实的应急工作流程是做好现场气象服务的核心

现场气象应急服务突发性强,准备时间短,更加要求要有一套科学高效的工作流程贯穿整个现场服务始终,各方面人员依流程各司其职、快速响应、统一指挥、密切协作,才能保证现场服务效果。气象部门的应急预案体系正在逐步健全完善,但依然要加强对预案科学性、合理性、针对性和可操作性的研究,日常应急管理工作中要加强演练,注重工作流程与工作机制的调整完善。

"最后一公里"的"气象使者"
——大连市金普新区气象防灾减灾案例

张莉萍[1] 徐丽娜[2] 王建平[1]

(1. 山西省气象干部培训学院;2. 中国气象局气象干部培训学院)

摘要:本案例的资料主要来源于对大连市气象局、金普新区气象局、金普新区管委会、金普新区街道气象信息站相关人员的访谈资料,以及媒体的公开报道资料、相关调查报告等。本案例描述了大连"11·28"重大渔船翻沉事故的全过程,这次重大事故造成惨痛后果,但经过事故调查,气象部门不但没有被追责,更为免除政府责任提供了有力依据,金普新区在气象防灾减灾工作上的"平时功夫"在关键时刻发挥了重要作用,在解决预警信息发布"最后一公里"问题上的有效做法值得借鉴。

关键词:气象　防灾减灾　最后一公里

2012年11月29日媒体报道:"昨日获悉,11·28大连沉船事故17人仅1人获救,已经确定11人死亡,仍有5人失踪。目前大连沉船遇难者身份都已确认,善后工作正在进行。28日搜救人员打捞出的遗体大部分是落潮后在近海海底发现,有关方面明日将继续派出更多人员进行搜寻。"

一、事件背景

杏树街道猴儿石村地处金普新区最东端,两面环海,有3个自然屯。全村常住人口1497人,流动人口310人。猴儿石村祖祖辈辈大多靠打渔为生,村里有个体近海养殖、捕捞船190艘,远洋捕捞船70艘,以打渔为生的渔民760人,全村人均收入23000元。

二、事发经过

(一)灾难发生

2012年11月27日傍晚,风力逐渐加大至6～7级,阵风8级,28日(农历十五)01时左右,西南风转向西北风7～8级,阵风9级。这个季节农历十五左右,潮起潮落时会有大量虾蛄(俗称"皮皮虾")涌向猴儿石港附近海域,是捕捞虾蛄的最佳时机。

当地渔民在漆黑的夜里顶着狂风自发地来到猴儿石港岸边，平时可以涉水到达距离岸边约 2 千米远的捕捞船，今天由于增水，渔民们只能搭乘岸边的渔船前往捕捞船上进行坛网作业。

01 时 30 分许，海滩聚集了 20 多人，其中包括战作敏、张树田、王功成等。由于战作敏的渔船离水边最近，征求了战作敏的意见后，10 多个人就把这条小渔船推进了深水，因战作敏没收钱，又有几个人跳上船。剩下的渔民看到船已经满员，只能放弃沮丧地掉头往回走，因错失一笔不菲的收入感到难过。就这样，满载 17 人的渔船向捕捞船驶去。

船上的人都是渔民出身，水性极好，没有穿救生衣的习惯，所以船上没有足够的救生衣，只随船带了几个装海鲜的空泡沫保温箱和一些浮子。渔船行驶在黑漆漆的海面上，战作敏不放心，亲自在船尾操纵机器，由于人多，船员们只能站在渔船前头。

11 月末的海风已经开始有些刺骨，02 时 05 分，战作敏他们已经能看清单世君的捕捞船了，两船距离 20 米左右。这时，风力突然加大、水深增加，海面涌浪随之突然加大，战作敏判断不出下一个浪从哪边来？什么时候来？他有些慌乱，突然打了一把右转，想从捕捞船右后方靠上去。谁知这时突然一个大浪打在船的左舷上，船舱进水足有一尺①多深。情急之下有人建议赶紧回去，话音未落第二个涌浪又从左舷袭来，船里的水更深了，船开始向右倾斜，大家乱作一团，用泡沫箱胡乱向外舀水，在紧接的第三个涌浪作用下，渔船不堪重袭，彻底向右翻沉，所有船员全部落入了冰冷的海水中。

（二）抢险搜救

事发后，落水渔民王功成用随身携带的 GPS 卫星电话发出求救，有关方面随即展开搜救工作。大连市海洋与渔业局派出 3 艘渔政船，金普新区派出 2 艘渔政、海监船及 4 艘摩托艇、40 余艘渔船及 200 余渔民、民兵进行拉网式搜救，北海救助第一飞行队进行空中搜救。

事故应急处置情况

接到报案，金普新区应急办、大连市海洋与渔业局立即组成抢险指挥部，启动应急救援预案，展开搜救工作。大连市政府副市长赴猴儿石村组织救援并召开紧急工作会议，组建事故处置工作领导小组，并成立搜救救援、事故调查、善后保障、保险理赔和医疗卫生救护 5 个工作组。

金普新区气象局接到气象信息员报告和市政府、区政府通知后，由局长率领的

① 1 尺＝1/3 米，下同。

气象保障应急小组立即启动应急预案并赶赴现场，为搜救工作提供现场未来天气趋势预报和预警服务，气象局里留守人员通过显示屏和大喇叭提供现场及周边的实况气象资料和天气预报，应急气象保障服务工作一直持续到30日。

（三）惨痛代价

至2012年12月4日，17名遇险渔民中，除1人获救外，15人死亡，1人下落不明，直接经济损失达442.29万元。

天灾还是人祸？辽宁省政府成立事故调查组，决定对涉嫌渎职等行为进行严查……

三、事故调查

辽宁省政府组成了由省安全生产监管局、省公安厅、省监察厅、省海洋与渔业厅、省总工会和大连市政府及有关部门负责人和相关人员参加的大连市金普新区"11·28"沉船事故调查组，对该起事故进行调查处理。

是渔业部门监管不到位？

渔船出发的港湾为猴儿石港，属于自然港湾。根据《中华人民共和国渔业法》等相关法律、法规要求，自然港湾纳入监管范围，但没有明确要求自然港湾设专人监管。

翻沉渔船为"辽大金渔养81388"，船籍港为大连，船舶类型是养殖船，木质，船长7.5米，船宽2.7米，船深0.5米，最大吃水0.41米，2002年5月5日建造，主机功率7千瓦，所有人为战作敏，抗风等级为6级。"辽大金渔养81388"于2003年通过了渔业船舶检验部门初检和之后每年的年检，2011年按照农业部公告1562号《关于做好新版海洋渔业船舶登记证书证件换发有关工作通知》（农办渔〔2011〕53号）文件要求，该渔船正在申请换发新版登记证书，属合法渔船。

遇险的17人中，战作敏、王功成、单世强3人是船主，其余14人是船员。翻沉渔船所有人战作敏，持有五等轮机长证书，王功成持有五等船长证书，于永刚持有五等船长证书，以上证书均在有效期内。17人均经大连市渔港监督局培训合格，取得普通船员证书。

调查组质疑：气象部门预报报准了没有？预警发布及不及时？渔民收到信息了吗？（调查组调查取证）

预报：大连市气象台11月26日预报："11月27日白天至夜间，黄海北部西南风6～7级，阵风8级，半夜转西北风7～8级，阵风9级。"

预警：金普新区气象台11月27日16时发布大风黄色预警信号："27日夜间到28日白天，各海区西南风6～7级，阵风8级，夜间转西北风7～8级，阵风9级，28日下午减弱到6～7级。"

至28日事发前,金普新区气象局发布了4个大风预警信号,5次24小时天气预报,均通过传真或网络通知了新区及保税区应急办、政府办公室、电视台、电台、海洋渔业局、渔监等相关部门,并且通过大喇叭、显示屏和手机短信通知了金普新区各局各街道领导、金普新区和保税区气象助理员、信息员,其中通过显示屏和大喇叭向公众发布和播报了5次天气预报和预警信号。

发布:27日16时杏树街道猴儿石港预警大喇叭运行正常,及时播报了气象局的预警信息;该村的气象信息员单伟的手机也接到气象局发布天气预报和预警信息,并挨家挨户通知了当地村民,要求他们不得出海捕鱼。村委会利用村广播、电话等形式,在全村发布了大风预警,向船主传达了大风警情信息,要求做好防范工作,警示渔民不得出海。村委会主任战伟还亲自打电话通知了船主战作敏不能出海。

气象部门接受调查——事故调查组在气象部门通过调阅材料、单独谈话等方式,对大风监测、预警信号制作、预警信号的发布、手机短信的发送、预警显示屏和预警大喇叭的运行状况等方面进行了调查取证。金普新区气象局提供了事故发生前发布的天气预报、预警信号等材料,以及通过显示屏、邮箱、手机短信发布平台等发布预报、预警的工作记录。通过核实,调查组排除了渔民对大风预警不知情的可能性。

四、事故定性

事故定性为:"'11·28''辽大金渔养81388'翻沉事故是一起重大渔业海上交通安全责任事故。"

此次事故中,金普新区气象局的气象防灾减灾工作在关键时刻发挥了重要作用……

五、金普气象的有效做法

(一)建立农村气象灾害防御组织体系

金普新区管理委员会设有区突发公共事件应急委员会,是全区突发公共事件应急管理工作的领导机构,下设有办事机构和工作机构,办事机构是区突发公共事件应急管理办公室,涉及防灾减灾的工作机构包括气象灾害应急指挥部、抗震救灾应急指挥部、地质灾害应急指挥部、防汛抗旱应急指挥部、森林火灾应急指挥部、生产安全事故应急指挥部、危险化学品事故应急指挥部、环境污染应急指挥部、渔业安全应急指挥部等。

气象灾害防御领导小组:在2011年金普新区即成立了由管理委员会副主任牵

头，由各委、办、局参与的气象灾害防御管理办公室(办公室设在气象局，气象局副局长任办公室主任)；明确各街道以街道分管领导为负责人，以气象助理员、各村气象信息员为骨干的基层防灾减灾人员组成；明确气象灾害防御工作管理制度等。2014 年的气象灾害防御领导小组会议上又对成员进行了梳理更新。

气象信息服务站：金普新区按照"有街道分管领导、有气象信息服务站、有气象助理员、有气象信息员队伍、有应急响应预案、有气象灾害预警接收设施"的"六有"标准，建立了 13 个标准化街道气象信息服务站，实现了涉农街道全覆盖。各街道气象信息服务站都配备了专用计算机、电子显示屏、数码相机，也制定完善了各种规章制度和考评方法。按照气象信息服务站标准，在七顶山街道丽美缘大樱桃园区建立了"气象为农服务实践基地"，实现气象信息服务点进园区；在开发区金源小学建设了"红领巾气象站"，实现气象信息服务点进校园。

气象信息员：金普新区 16 个涉农街道辖 198 个村，共有气象信息员(含站长和助理员)232 名，全部实行登记造册。信息员基础信息表每 2 个月更新 1 次，确保人员及手机号码准确无误。强化气象信息员的管理，以信息员工作职责为依据，在预警信息的接收传递、灾情上报、自动站及预警接收设备维护等多方面进行培训和考核。2013 年有 4 人次获得辽宁省优秀气象信息员称号，有 1 人次获得中国气象局百名优秀气象信息员称号。

防雷安全监管员：金普新区 6 个功能园区、26 个街道，共有防雷安全监管员 35 名，实行登记造册。防雷安全监管员从事辖区内安监工作，熟悉地方企事业单位情况，并具有一定的电脑操作能力，定期组织培训和绩效考核。

(二)建设农村气象灾害防御体系长效机制

气象灾害应急准备认证：以开展街道气象灾害应急准备认证为手段对街道气象信息服务站进行管理，从组织机构、预警接收发布、防灾减灾基础设施、风险评估、应急预案、科普宣传培训、居民防灾意识与技能和工作制度等方面，不断提高各街道的气象灾害防御能力建设，经过 2012 年和 2013 年的努力，13 个涉农街道全部通过应急准备认证。各街道气象信息服务站能依据制度和文件要求，积极开展日常工作，2013 年底由气象局联合区应急办对各服务站进行考核奖励。

气象灾害防御规划：根据《国家气象灾害防御规划》指导意见，金普新区气象局在 2013 年度已经完成了《金普新区气象灾害防御规划》的编制工作。

气象灾害应急预案：金普新区管理委员会下发了《关于印发金普新区气象灾害应急预案的通知》，成立金普新区气象灾害应急指挥部，对监测预警方面从监测预报、预警信息发布、应急处置方面从信息报告、信息启动、现场处置及灾害后处理等都做了明确规定。经过 2012 年和 2013 年，连续两年联合新区应急办开展针对各街道的应急准备认证工作，辖区 16 个涉农街道已经全部建立气象灾害应急预案。

2017 年对 16 街道的应急预案进行修订。

区级长效保障机制:政策方面——《关于加强农村气象机构建设的通知》,对街道气象信息服务站的成立、管理、职能和运行经费等作了明确的规定,是确立基层气象机构的基础性文件;《关于加强农业气象服务体系和农村气象灾害防御体系建设的通知》,明确了政府领导、部门联动、社会参与的组织体系,明确气象灾害防御工作管理制度等;《金普新区气象灾害应急准备认证街道建设规范》,对于街道气象灾害应急准备认证建设,提出从组织机构、预警接收发布、防灾减灾基础设施等方面的具体要求,是金普新区开展应急准备认证工作的具体依据;《关于全面加强应急管理工作的实施意见》,明确规定依托气象预警发布系统建设金普新区突发事件预警发布系统;《关于年度单位预算指标的通知》,将农村灾害防御体系建设工作经费纳入区政府财政预算;《关于成立新区人工影响天气办公室的批复》,核定了人工影响天气地方编制 3 人,负责人工影响天气作业组织实施等工作,加强防灾减灾能力。

财政支持——政府大力支持气象灾害防御工作,2014 年区政府拨付气象防灾减灾等工作费用 135 万元,由政府财政投资按照市级标准建设金普新区突发事件预警信息发布系统;另外投资建设金普新区突发事件预警信息发布中心大楼。

目标考核——依托省政府对各级政府的“气象服务能力”的考核,2013 年经过向区政府考核办的积极争取,同意由金普新区气象局代表区政府对涉农街道的气象工作进行考核。2017 年经过向管理委员会考核办的积极争取,同意由金普新区气象局代表管理委员会对各园区街道的农村应急广播系统建设和防雷安全管理进行考核。金普新区气象局制定了工作绩效考核细则。

部门联动与信息共享机制:与新区农林水利局、应急办、国土资源局等单位签订合作协议,实现了互补共赢的发展局面。尤其在与新区应急办的合作过程中,合力开展完成了街道应急准备认证工作,推动实现了金普新区突发事件预警发布中心的投资立项工作,使气象灾害防御工作纳入新区应急办应急管理工作中。

基层气象机构管理制度:金普新区气象局先后出台了《金普新区/保税区气象机构与人员管理规则》《金普新区/保税区街道气象工作站业务考评指标及评分标准》《金普新区/保税区气象助理员业务考评指标及评分标准》《气象监测及气象预警设备维护使用协议》《气象灾情上报规定》《街道重大天气过程气象服务响应表》《关于印发气象助理员自动气象站运行保障工作职责的通知》等制度文件。

(三)建设气象预警信息发布网络

全区建有 198 套预警大喇叭(附显示屏),实现了 198 个自然村的全覆盖,组成了金普新区农村预警信息接收系统。该系统以文字显示、语音主动广播相结合的手段,发布基本气象信息、气象灾害预警信息和农业气象服务信息,方便了基层农民收听收看。针对部分渔港无气象预警接收设备的问题,2014 年加装了多个渔港大喇叭系统。

全区建有 120 套预警显示屏,分布在政府机关、学校部队等地,以 5 个固定时次发布多种气象信息,遇气象灾害预警可随时发布。2014 年至 2016 年底共引进 38 套 46 寸带电脑落地式预警发布机。

建有预警信息手机短信发布渠道,拥有预警信息手机短信用户数据库,包括新区政府有关领导、各委办局主要领导、各街道主任及各行政村气象信息员等,合计有用户 500 余人,遇天气极端变化有气象预警时,按预警级别颜色向不同用户发布。

建立传真用户数据库,有预警信息传真发布渠道,包括区应急办、安监局、渔监、城管局、防汛办、农林水利局、土地房屋局等 20 余个部门,遇极端天气及时为相关部门应对气象灾害提供基础气象信息。

遇重大气象灾害预警时,可通过广播电视及时插播气象预警信息。

建有气象决策信息发布渠道,包括极端天气预报预警、过程降水量等信息,及时向区政府 10 余个部门呈报递送。

各街道助理员及有条件的各村信息员,都加入金普新区气象局 QQ 工作群里。除日常事务联系外,也起到预警发布传递的作用,是预警短信发布系统的重要补充手段。

(四)完善农村气象灾害防御机制

气象灾害风险区划:在辽宁省气象局统一安排部署下,由金普新区气象局提供基础数据,由辽宁省气象局相关技术部门研究分析,已经完成气象风险区划工作。2014 年已逐渐把研究成果应用在气象为农服务和气象防灾减灾服务中。

暴雨洪涝灾害风险普查:按照辽宁省气象局工作安排,金普新区气象局联合相关部门成立暴雨洪涝灾害风险普查小组,已经完成 5 条山洪沟、4 个滑坡点的风险普查工作。2014 年逐步更新完善隐患点信息。

农村气象防灾减灾宣传:金普新区气象局多年来一直注重农村气象防灾减灾宣传,利用气象日、学生参观日等形式,开展对外开放工作;利用科普周、科普大集等形式,送气象科普与防灾减灾知识下乡。每年联合各涉农街道,调动所有信息员,通过气象局开放日活动、小学生探秘气象局活动、气象宣传进大集活动、防灾减灾日活动等,采取发放传单、现场讲解、播放宣传片、专家讲座、电子显示屏与气象大喇叭播报等形式,在村民、学生等人群中开展气象防灾减灾宣传。

气象防灾减灾标准化乡镇建设:在已经通过气象灾害应急准备认证街道的基础上,选取七顶山和相应街道开展防灾减灾标准化建设,全力打造气象防灾减灾标准化街道建设工作。

【思考题】

1. 结合案例,谈谈如何做好信息员队伍建设工作?

2. 结合本部门实际,谈谈气象防灾减灾的体制和机制如何更好地发挥实效?

3. 气象部门在解决了气象信息“最后一公里”的传递问题之后发生海难,您认为基层气象防灾减灾工作中还该做些什么?

【要点分析】

本案例值得深入思考的要点如下:

一、充分认识气象防灾减灾工作的重要意义

从法律、法规看,《中华人民共和国气象法》赋予气象部门防御气象灾害的法律责任,并明确县级以上人民政府应当加强气象灾害监测、预警系统建设,组织有关部门编制气象灾害防御规划,并采取有效措施,提高防御气象灾害的能力。有关组织和个人应当服从人民政府的指挥和安排,做好气象灾害防御工作。

从中央要求看,党的十九大以来,党中央、国务院出台系列文件,对综合防灾减灾救灾提出明确要求,明确不同阶段的重点任务。

从基本国情看,我国自然灾害严重,近年来极端天气现象频发。

从发展阶段看,要坚持以防为主、防抗救相结合,坚持常态减灾和非常态救灾相统一,努力实现从注重灾后救助向注重灾前预防转变,从减少灾害损失向减轻灾害风险转变,从应对单一灾种向综合减灾转变,“两个坚持”和“三个转变”是当前和今后一个时期必须遵循的原则。

基层气象部门不仅要“履职”“免责”,更要“尽责”。守好防灾减灾第一道防线,服务经济社会发展各领域,服务人民群众福祉安康,使命光荣,责任重大。

二、让农村气象灾害防御体系建设落实落地

通过分析大连金普新区的做法和思路,讨论凝练出学习结论,即气象防灾减灾第一道防线的核心内涵主要体现在充分发挥气象灾害的“监测预报先导作用、预警发布枢纽作用、风险管理支撑作用、应急救援保障作用等”。只有以灾害风险管理科学为支撑,充分融入政府各项防灾减灾工作,才能更好地发挥气象防灾减灾第一道防线作用。

基层气象部门应该思考,通过不断从多层次多维度推进气象防灾减灾能力建设,提高农村气象灾害监测预警水平,完善重点区域气象灾害监测网络,强化农村灾害性天气预警发布机制,推动预警信息进村入户,并建立基层气象防灾减灾的动态评估机制,提升农业气象服务能力,努力将发布型预警向行动型预警转变,在解决预警信息传递的“最后一公里”问题上取得探索性经验。

中储棉大火烧出问责　岂能怪“雷公”
——“7·1”火灾事故调查防雷减灾案例

盖程程　徐丽娜

（中国气象局气象干部培训学院）

摘要：雷电灾害防御是指防御和减轻雷电灾害的活动，包括雷电和雷电灾害的研究、监测、预警、风险评估、防护以及雷电灾害的调查、鉴定等。防雷减灾工作事关经济社会发展、事关人民安全福祉、事关社会和谐稳定。2013 年 7 月 1 日 18 时左右，某省棉麻公司某县采购供应站的棉花仓库发生火灾，过火面积约 1.2 万平方米，导致 4 个棉库、2.46 万吨棉花被烧，官方统计直接经济损失 4838.73 万元，无人员伤亡。本案例围绕防雷行政管理和火灾事故调查展开，介绍了某省某县气象局参与事故调查的全过程。

关键词：雷击火灾调查　防雷行政管理　问责

2013 年 7 月 1 日 18 时左右，某省棉麻公司某县采购供应站的棉花着火，仓库上空浓烟滚滚，火光冲天，空气中弥漫着烧焦的烟熏味。火灾事故发生时，天气实况为雷阵雨天气。事故发生后，某省政府成立事故调查组，对事故原因进行调查。

巨额国有资产顷刻间化为灰烬，谁来负责？大火背后到底有什么玄机？火灾起因与责任追究“捆绑”引来的纷争四起……

一、事件背景

某省棉麻公司某县采购供应站，实为代保管国家储备棉（以下称中储棉）的合同单位。因为直属库的库容不够，中储棉委托某县采购供应站代为保管国家储备棉。事故发生前共储存棉花约 3.8 万吨，其中仓储 2 万吨，露天存储 1.8 万吨。火情由露天垛堆而起，波及 4 座棉库，过火面积约 1.2 万平方米，据官方统计约有 2.46 万吨棉花被烧，直接经济损失为 4838.73 万元，无人员伤亡。

二、大火突起

6 月底的某县骄阳似火，雷阵雨天气频发。6 月 30 日 17 时，某县气象局发布雷阵雨天气预报，7 月 1 日 08 时、17 时再次发布雷阵雨预报，并同时将预报发给市委、市政府主要负责人。

7 月 1 日 18 时 09 分,“119”火警接警中心电话响起,有市民报告,某县采购供应站露天棉麻仓库发生火灾。后据调查,火灾起火点位于某县采购供应站南侧露天库区 6 区 5 号垛(图 1)。

某县采购供应站起初用自备灭火设备进行灭火,试图自救,当看到火情已无法控制,只好请求消防部门救援。

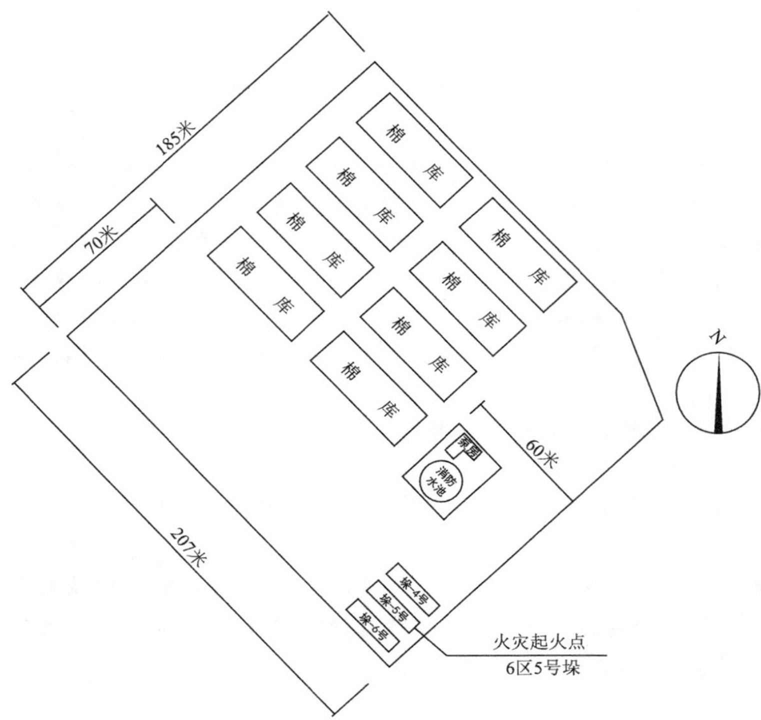

图 1 火灾起火点位置(露天库 6 区 5 号垛)①

三、抢险救援

(一)消防部门:调集重兵扑火

7 月 1 日 18 时 11 分,某县消防中队接到出警电话,立即动用 1 辆泡沫车、2 辆 8 吨水罐车、1 辆高喷车共 4 辆消防车,调动 20 名指战员,于 18 时 26 分到达现场。

① 雷电闪击与火灾相关性研究小组.棉麻公司雷电闪击与火灾相关性分析报告[R].南京:南京信息工程大学,2013。

到场后2辆水罐车对东侧4个堆垛的火势进行扑救，同时阻止火势向西蔓延，高喷车在东门对着火堆垛火势进行控制，泡沫车进行供水。

18时50分，由于由东向西的风力过大，堆垛倒塌，某县中队消防车迅速撤出火场，从外围对火势进行压制，同时向支队指挥中心请求增援。接到增援请求后，支队全勤指挥部迅速赶赴现场，并先后调派了20个消防大队、中队，34辆消防车，210余名指战员赶赴现场。

7月2日04时15分，公安、武警等力量也陆续赶到现场开展增援。参战官兵主要是用串联供水对火势进行压制，对未着火的仓库进行冷却，用推土机和铲车开辟隔离带和灭火救援通道阻止火势扩大蔓延。在仓库区域，救援力量利用混凝土搅拌机向着火的仓库覆盖混凝土窒息灭火。在露天堆垛区，救援力量用铲车、挖掘机等大型机械设备铲土覆盖着火堆垛窒息灭火，同时用高喷车和水炮对残余明火进行压制。

7月2日21时许，44个露天堆垛已全部过火，8个棉库有4个过火，剩余4个得到了有效保护，火势得到有效控制，虽有明火，但不会再进一步扩大蔓延。

7月3日12时，现场已无明火，救援官兵对火场内部暗火进行浇灭清理，并现场守护以免复燃。

7月4日12时许，大火被完全扑灭。

（二）气象部门：开展现场应急气象服务

7月1日23时许，某县气象局接到某县政府副县长电话，称棉麻公司某县采购供应站着火，要求气象局提供保障服务。某县气象局立即成立气象应急服务组，组织应急服务人员赶赴现场，为指挥部领导提供天气实况及未来1小时天气预报等气象服务。

7月2日05时04分，某市气象局接到市政府秘书电话，称某县采购供应站7月1日发生火灾，某市政府有关领导在现场指挥救火，市政府领导要求某市气象局组织人影队伍进行人工增雨，协助灭火。某市气象局立即部署赶赴火灾现场，了解火灾发生和扑救情况，对现场气象服务工作做了进一步安排。鉴于天气形势不利于人工增雨，要求赶来的邻县人影队伍在某县气象局待命，同时向某省气象局汇报。某省气象局领导要求“一定要做好气象服务，只要有有利的天气形势，便开展人工增雨，必须第一时间把气象监测信息、预报信息、建议等服务内容提供给指挥部领导，为领导指挥灭火提供参考”。

气象应急服务组从7月1日火灾发生至7月5日救火结束，全程在现场提供气象保障服务。

四、事故调查与责任认定

中储棉益民代储仓库火灾事故发生后，某市政府初步成立事故调查组。调查组要求气象部门根据气象资料分析发生雷击的可能性，组织技术论证，如技术力量不足可以外请专家。

某省气象局安排雷电防护监测中心的专家于 7 月 3 日 03 时 20 分左右，连夜赶到某县气象局。随即会同市、县有关人员组成气象技术组，对气象资料进行分析，并深入火灾现场，测量棉麻库区经纬度，调查火灾发生原因。由于火情极其严重，救火采取的措施较多，现场被破坏，造成取证困难。气象技术组经过勘验分析论证认为，7 月 1 日 17 时 43 分—18 时 12 分在某县采购供应站周围有雷暴天气，对火灾现场认定需进一步走访周边住户和调取现场监控录像，确认是否发生雷击灾害。

随着调查的逐步展开，事故调查组发现火灾造成的经济损失数额巨大。按照突发事件应急处置中“分级负责”的原则，当突发事件的规模和破坏程度超出了地方政府的处置能力的时候，由上一级政府介入。

7 月 6 日，某省政府根据事故调查的进展情况，成立了省政府“棉麻公司某县采购供应站‘7·1’火灾事故调查组”。调查组由该省公安厅、省安监局、省监察厅、省消防总队、省气象局、省总工会、省供销社及某市人民政府有关人员组成，邀请省人民检察院派员参加。调查组邀请了公安部消防局、中国气象科学研究院、上海市防雷中心、南京信息工程大学等单位从事火灾调查、气象等方面的专家协助调查，并委托公安部消防局天津火灾物证鉴定中心进行了技术鉴定。

调查组按照实事求是、尊重事实、依法进行的原则，通过现场勘察、检验测试、技术鉴定、调查取证、综合分析，查明了火灾事故发生的经过、直接原因和间接原因、财产损失等情况，认定了事故性质，并对相关责任人员和单位提出了处理建议。针对事故原因及暴露出的问题，提出了防范措施建议。

(一)调查追责:各执一词

◇ 棉麻公司

某县采购供应站隶属于某省供销合作社联合社下属的棉麻公司，主要经营棉麻、棉布、纺织原料的收购、调拨、储存、转运业务。某县采购供应站与中储棉签订了《国家储备棉仓储合同》，成为中储棉代储库，并由中储棉直属库进行安全监管，接受收储任务。

棉麻公司称，之前几年都未揽到存储合同，虽然经济效益不好，但没有忽略防雷安全。在 2013 年 4 月，主动向某县气象局约检防雷设施。气象部门人员检测后告知露天堆垛的防雷检测不合格，要求整改。棉麻公司也积极联系多家具有资质的防雷公司洽谈、协商防雷工程事宜。就在起火前一天，与选定的某防雷公司技术人员商议露天棉垛防雷工程的技术细节。

火灾事故调查逐步深入，排除了纵火、电气线路故障、遗留火种等因素。消防部门和气象部门对火灾起因的认定，出现了两种不同的声音……

◇ 消防队

消防部门称，现场人员反映的着火时间与强地闪出现的时间接近，据附近楼房居住的几位目击证人反映，起火前看见闪电划过采购供应站库区；此起火灾具有明火燃烧起火特征；经现场勘测剩磁情况，确认雷击是造成本次某县采购供应站火灾的原因。

◇ 气象局

某县气象局、某市气象局和某省雷电防护监测中心先后向调查组提供了气象资料：一是某县和周边县气象局当天的地面观测资料；二是某县闪电监测定位资料；三是某县采购供应站区域雷达回波资料。资料显示：某县傍晚出现了雷暴天气过程。

针对起火时间和雷电活动之间的关联性存在疑问，气象部门邀请了南京信息工程大学相关领域专家进行了进一步调查和模拟试验。专家根据当时的天气现象和气象资料，以及棉花存储的有关规范要求，经分析提出的意见为：

——某省棉麻公司某县采购供应站棉花火灾原因是该站缺乏相应的仓储条件和管理能力，在高温橙色预警的天气不能及时进行有效通风以降低棉花温度和湿度，导致棉花自燃着火，又由于自身灭火能力不足，报警不及时，丧失宝贵的救火时间。火灾发生期间，由于烟尘引雷作用，导致公众误以为是雷击起火……

天灾？人祸？

事实的真相，人们拭目以待！

（二）气象局接受调查

某省事故调查组成立以后，在前期调查的基础上，多次传唤某市气象局、某县气象局有关人员，对有关情况调查了解并作笔录，要求提供相关的法律、法规与制度、规定、检测技术报告、单位及岗位职责等相关材料……

事情还要从 2013 年初说起……

3 月 5 日

某市防雷中心按照年度工作部署，在《××日报》刊登了“特等单位、易燃易爆场所防雷年度检测的通告”。

4 月下旬

某县气象局屈某接到某省棉麻公司某县采购供应站关于防雷设施检测的约检要求后，电话通知了某市防雷中心。某县采购供应站从 1996 年开始一直接受气象部门的防雷装置检测。

5月3日

某市防雷中心派张某、杨某2人和某县气象局屈某,对某县采购供应站防雷设施进行了防雷检测。经检测,该站8个砖混结构的仓库检测结果符合《建筑物防雷设计规范》要求(连续几年的检测都是合格的),但是2013年该单位新增大量露天堆放的棉垛,没有增加新的防雷装置设防,其现有的接闪针无法对露天堆垛区完全保护。所以,该单位防雷装置的综合检测结果为不合格。

依据《防雷减灾管理办法》第二十一条①,检测人员将整改意见当场口头告知了某县采购供应站负责安全生产的保卫科李科长,并要求其尽快委托具备防雷工程资质的施工单位进行重新设计、施工,开展整改。整改结束后要再次报防雷中心验收,验收合格后方可存放棉花。检测过程中,某县采购供应站张副经理也在现场,表示一定尽快联系,将露天棉垛的防雷措施落实到位。

检测人员返回后,制作了检测报告。报告显示,某县采购供应站"8个仓库的防雷装置检测结果符合规范要求,露天堆场的防雷装置检测结果不符合规范要求,接闪杆与棉跺的安全距离不够"。该单位防雷装置的综合检测结果为不合格。

5月3日—7月1日,某县气象局工作人员多次电话催促其尽快整改,采购供应站负责人答复:正在积极与相关防雷公司洽谈、协商防雷工程事宜。但截至事故发生时,时间已经过去近2个月,该单位仍未对防雷设施进行改造安装和风险评估。

(三)火灾性质认定

最终,经调查认定,此次火灾事故是雷电引发的意外灾害事故。虽然该起事故由雷电引起,但也暴露出某县采购供应站防灾减灾意识淡薄,现场管理方面存在的问题。

五、防范措施建议

"7·1"火灾事故发生后,为了深刻吸取事故教训,举一反三,切实加强防雷安全工作,减轻因雷击带来的经济损失和人员伤亡,确保人民群众生命财产安全,保障经济社会建设的顺利发展,调查组提出如下措施建议②:

一是要高度重视防雷安全工作,切实履行防雷安全责任。各生产经营单位要

---

① 《防雷减灾管理办法》第二十一条:"防雷装置检测机构对防雷装置检测后,应当出具检测报告。不合格的,提出整改意见。被检测单位拒不整改或者整改不合格的,防雷装置检测机构应当报告当地气象主管机构,由当地气象主管机构依法做出处理。"

② 邢小崇.雷击火灾调查[M].太原:山西人民出版社,2015。

切实履行防雷安全的主体责任，把防雷安全管理纳入安全生产管理体系中，定期对防雷设施进行检测，发现存在隐患的，要及时整改，坚决消除隐患，坚决克服麻痹思想和侥幸心理。政府有关监管部门要按照国家法律、法规，进一步加强对相关单位落实防雷安全责任的监管，督促相关单位做好防雷安全工作，有效预防雷击灾害的发生。

二是要加强重点场所的防雷减灾工作。夏秋季节是雷电灾害易发、高发的季节，各相关部门要在此期间加强重点场所、重点时段和重点环节的防雷减灾工作，要加强重要物资储备基地、文物保护单位、人员密集场所及其他重点防范场所的防雷设施安全检查，将防雷安全工作狠抓到位，从根本上避免雷电对人类的伤害。

三是要深入开展防雷安全宣传教育培训工作。要充分利用广播、电视、报纸、互联网等媒体，宣传普及雷电预警和避雷常识；生产经营单位要加强对从业人员的防雷安全教育培训工作，不断提高全民防雷安全意识和技能。

四是中储棉和采购供应站之间签订了《国家储备棉仓储合同》，双方建立了仓储合同，并且中储棉明确了由其一直属库负责采购供应站的安全监管；同时省棉麻公司作为采购供应站的上级部门，也负有对下属企业的安全监管责任。建议省供销合作社联合社要明确对此类管理模式企业安全生产监管职责的划分，完善监管制度，形成监管合力。

六、尾声

“7·1”火灾事故发生后，当地气象部门加强了防雷设施安全检测工作。对易燃易爆场所、危险化学品生产储存经营单位、大型仓库等单位、场所及其他安装雷电防御装置的单位进行定期安全检测，对全市多个防雷设施进行安全检测，及时排除安全隐患。加大执法检查力度。开展防雷专项检查，排查、检查防雷设施单位，在防雷排查中，下发整改督办通知书、责令停止违法行为通知书。通过防雷专项检查，防患于未然。规范了气象执法流程和档案资料的归档工作。建立了防雷重点单位数据库，及时了解防雷重点单位防雷设施运行情况、防雷隐患整改情况。

如何既要发展，又要安全？如何既要开放市场，又要加强防雷安全监管？防雷监管职责的“边界”在哪里？

如何进行雷电灾害调查，考验着气象部门，突发事件调查制度建设仍在路上……

【思考题】

1. 雷击火灾调查的难点是什么？
2. 本案中，棉麻公司、气象部门、消防部门分别应承担什么责任？

3. 结合工作实际思考如何加强防雷安全监管?

【要点分析】

通过棉麻公司火灾案例,使学员了解雷电灾害调查工作,认识到落实防雷安全监管责任的重要性;树立问责意识,提升基层防雷减灾行政管理能力和水平;全面履行法律、法规赋予的权利和义务,为基层气象事业发展夯实基础。

雷电灾害是联合国公布的最严重的10种自然灾害之一,也是气象灾害的一种,一旦发生,社会影响大,对人民生命和财产安全都有严重危害。按照《中华人民共和国气象法》第三十一条的规定,“各级气象主管机构应当加强对雷电灾害防御工作的组织管理”。防雷减灾工作事关经济社会发展和人民生命财产安全。在防雷减灾体制改革的大背景下,各级气象部门要全面依法履行好防雷减灾管理职责,不断提升防雷减灾依法履职能力和水平。

本案事故调查中存在的问题及原因①:

首先,自我型调查主体,导致技术分析异化为政治博弈。现实中突发事件调查由“自我型”调查主体实施,是利益相关方参与调查,即以事件主管部门和事件单位为主体,吸收相关监管部门开展联合调查。使得调查主体更关注分摊涉事方责任,而不是还原事实真相,也使责任划分干扰了技术调查。本案例中,调查组内的两个部门在火灾起因认定上各执己见,背后深层原因就在于两家部门分别被赋予了不同的监管责任。棉花储备库是重点防火、防雷单位,消防部门负有消防安全监管职责,而气象部门负有防雷安全监管职责。由于确定火灾主因将直接影响如何判定部门责任,就使得本应以事实为依据的客观分析过程,在某种程度上异化为了与自身利益紧密纠缠,“场外因素”严重干扰的博弈。这种“自我型”调查主体主导的事件调查,明显受到参与方部门利益和本位主义的干扰。

其次,雷击火灾调查的权力归属存在分歧。本案例中还暴露了在雷击火灾的调查中存在的法律、行政规章“打架”的现象。《中华人民共和国消防法》《火灾事故调查规定》中规定:“火灾事故调查由县级以上人民政府公安机关主管,并由本级公安机关消防机构实施。”而《中华人民共和国气象法》《防雷减灾管理办法》中规定:“各级气象主管机构负责组织雷电灾害调查工作。”

详情可参阅《雷电灾害调查管理办法》《雷电灾害调查技术规范》。

---

① 盖程程. 气象部门在突发事件调查中的作用、局限性及对策——基于三个典型案例的分析[J]. 行政管理改革,2018(11):86-90.

怒江:蜿蜒在环保争议与发展压力间
——怒江生态文明案例

段永亮　马　婧

(中国气象局气象干部培训学院)

摘要:习近平生态文明思想是习近平新时代中国特色社会主义思想的重要组成部分,也是气象教育培训的重要学习内容。为进一步加强学员对习近平生态文明思想的认识和理解,案例开发组在深入调研的基础上,通过对怒江案例的抽丝剥茧,层层深入,系统介绍习近平生态文明思想的丰富内涵、理论贡献、实践意义,有助于学员解决思想的总闸门问题,更加深入地加以理解并指导实践,把生态文明建设重大部署和重要任务落到实处。

关键词:怒江　生态文明建设　生态保护　环境开发

在中国偌大的版图上,除了地处青藏高原的雅鲁藏布江外,怒江已是唯一干流上没有建大坝的原生态河流了。自然赋予怒江的,是名实相符的性格:这条脾性暴烈的大河从不轻易被驯服。然而,在持续推进的西南水电大开发中,怒江激流所蕴藏的巨大水能资源引发了长达 10 余年的博弈。保护还是开发?走水电大开发富裕之路,还是搞生态旅游可持续发展之路?究竟要不要为子孙后代保留一条自由奔腾的大河?因会破坏"原生态环境"等争论,怒江水电开发进度已延宕 10 余年,怒江也被外界称为中国乃至世界水利开发主要受阻于环保因素的一个罕见案例。

一、背景:多面怒江

(一)生态怒江:世界最著名的生态热点地区

怒江是我国"最后一条尚未开发的处女江",有着全球最为壮观的高山峡谷区,这条大江发源于唐古拉山南麓,经西藏流入怒江傈僳族自治州境内,怒江峡谷长 310 千米,平均深度为 2000 米,据说仅次于美国科罗拉多大峡谷,乃是"世界第二大峡谷",到 2020 年为止从未开展过整个峡谷的探讨和评价。而由于怒江地区地处濒临欧亚和印支两大板块的结合部,地质构造运动造就了怒江全境沟壑深切的壮丽景观,境内独龙江、怒江、澜沧江 3 条大江从西向东相间排列,由北往南纵贯流经的山脉切割出3条悠长的大峡谷。加之怒江州属亚热带山地季风气候,具有立体气候的特点,境内的"三江"峡谷地带,自峡谷到峰顶分布着多种多样的自然景观。怒江是全球生物多样性最丰富的大河之一,是我国与东南亚淡水鱼类区系最为重要的组成部分。无论是从文化多样性看,还是从地理一生物多样性角度看,这"最后一条尚未开发的处女江"流过之地,都可谓是一块宝地。

(二)文化怒江:即将消失的民族多样性文化

怒江州地处云南省西北部,素有"东方大峡谷"之称,是"三江并流"世界自然遗产地。同时,它是我国唯一的傈僳族自治州,既处于中原文化的最边缘地带,又是青藏文化的南部延伸带,傈僳族、怒族、普米族、独龙族等10多种少数民族聚居,怒江州是全国30个民族自治州中民族族别成分最多和人口较少、民族最多的民族自治州。多种宗教并存,其语言、文字、音乐、绘画、建筑、服饰、宗教信仰、生活习俗相互交融,各具特色。在漫长的历史发展中,各少数民族世代繁衍生息,在共同耕耘14703平方千米土地的同时,还用自己的血汗和智慧谱写了光辉灿烂的文化篇章,创造了丰富多彩的民族文化。因此,云南大学著名教授、中日民俗文化研究中心主任李子贤教授指出:"如果说云南是一座世界罕见的民俗文化宝库的话,那么怒江大峡谷就是保存鲜活的诸多古文化样态的博物馆。"①

然而,据李子贤调查,在怒江大峡谷的民族传统文化中,大部分文化和江河是分不开的,随着社会的变迁和生态环境的不断恶化,过去经常举行的民俗活动及宗教祭祀,现已逐渐简化、减少或消亡,使得诸民族传统文化的积淀场出现萎缩;会唱本民族传统歌谣、讲本民族传统故事、通晓本民族民俗由来者甚少;口承文艺传承后继乏人,面临失传危险;商业味道的增加,使传统民俗文化意味减退。

(三)贫困怒江:政策和环境夹迫下的无奈②

尽管近些年来由于脱贫攻坚,怒江已经摘掉了贫困的帽子,然而2020年全州城镇常住居民人均可支配收入只有27506元,仅占全国城镇常住居民人均可支配收入的62%,农村常住居民人均可支配收入7810元,仅占全国农村常住居民人均可支配收入的27%。

对于贫困的原因,怒江州政府将其归纳为两点:

首先是自然原因。沿着怒江前行,记者发现,由于两岸山势陡峭,当地百姓不

---

① 屈明光.怒江大峡谷是鲜活的古文化样态博物馆[EB/OL].(2004-08-19).http://news.sina.com.cn/c/2004-08-19/12593437808s.shtml。

② 第一财经日报.怒江水电开发引发环保与发展争议[EB/OL].(2008-01-08).https://news.sina.com.cn/c/2008-01-08/031714688744.shtml。

得不在悬崖绝壁上生产和生活。前怒江州党委书记介绍说,全州粮食平均亩[①]产才 101 千克。

更可怕的是,陡坡耕作造成了大量水土流失和生态破坏。据怒江州统计,全州 1500 米海拔以下的森林已荡然无存,1500～2000 米的植被也破坏严重。全州水土流失面积达 3933 平方千米,占全州面积的 26.75%。地质灾害隐患处达 600 多处,滑坡、泥石流、山洪等自然灾害年年发生且越演越烈。

据说,一位领导到怒江了解情况时,曾感叹道:“怒江人民不是在种粮食,而是在种灾难!”如果不改变发展模式,不进行产业结构调整,仍然靠农耕和生态掠夺,怒江的人和自然都会越来越贫困。

其次是政策原因。保护区面积占全州总面积的近 60%。“有树不能砍、有山不能动、有水不能用”,怒江人民失去了生存和发展的依靠。而投入方面也严重不足。据统计,建州 50 年间,国家对怒江的投资累积 9.7 亿元,仅够发工资,造成缺路、缺电、缺水、缺医少药,老百姓缺少最基本的公共服务。

(四)富裕怒江:守着“金饭碗”的痛楚

让怒江人感到更为困惑的是,尽管这里是全国最贫困的地区之一,但又是资源最富集的地区之一。这里有世界级的水资源。水资源占云南省总量的 47%,水能资源可开发装机容量达 4200 万千瓦,为全国六大水电基地之一。仅在怒江中下游水电开发装机容量就可达成 2132 万千瓦。

除此之外,怒江还拥有世界级的矿产资源,已探明的有锌、铅、锡、金、钨等 28 种矿产,294 个矿床(点),仅兰坪金顶凤凰山 3.2 平方千米的范围内就蕴藏着铅锌矿 1432 万金属吨,占云南省铅锌矿总储量的 68.5%,潜在经济价值高达 1000 亿元以上,是我国已探明储量最大的铅锌矿床,也是世界特大铅锌矿床之一。

怒江人“金饭碗”上的另一颗明珠则是丰富的旅游资源。怒江州地处“三江(金沙江、澜沧江、怒江)并流”的世界自然遗产的核心腹地,并戴着“三江并流”国家级风景名胜区和“中国大香格里拉生态旅游区”两顶桂冠,自然景观奇特壮丽,生物资源多样。

二、难产的水电项目[②]

在中国环保界流传一个寓意深刻的笑话:一位水利学家和一位生物学家同览江水奔涌的云南怒江时,水利学家叹息道:“这么多水白白流失,可以发多少电啊!”

---

① 1 亩≈666.7 平方米。

② 邓全伦.怒江水电开发复活[EB/OL].(2013-01-31).http://scitech.people.com.cn/n/2013/0131/c1007-20386352.html。

生物学家也叹息道:“千万要保护这自然的杰作,破坏了是要遭惩罚的。”这两声叹息如今真的变成了针锋相对的争论。

怒江的平静,在2003年被打破。2003年8月,国家发改委主持评审通过了由云南省完成的《怒江中下游水电规划报告》。该报告规划以松塔和马吉为龙头水库,丙中洛、鹿马登、福贡、碧江、亚碧罗、泸水、六库、石头寨、赛格、岩桑树和光坡等梯级组成的“两库十三级”开发方案,全梯级总装机容量可达2132万千瓦,比三峡大坝的装机容量还要多300万千瓦。

该规划报告一出,就遭到强烈反对。参加会议的原国家环保总局代表不予签字,他们认为,怒江是除雅鲁藏布江外唯一相对完整的生态江河,建议作为一个原生环境的对照点和参照系予以保留,不予开发。

同年9月3日,原国家环保总局主持召开座谈会,列举出多种反对怒江建坝理由:“三江并流”于2003年被联合国列入世界自然遗产名录,在该地区进行水电开发和梯级电站建设与世界自然遗产保护的宗旨不相符;怒江峡谷景观壮美,对有可能破坏怒江峡谷景观生态自然性与完整性的开发建设活动要慎重决策;当地物种与文化传统需要维护。

绿家园、自然之友等环保组织开展一系列宣讲活动,强调“三江并流”地区面积不到国土面积的0.4%,却拥有全国25%以上的高等植物和动物,有77种国家级保护动物,是世界级的物种基因库。

9月29日,云南省环保局召开研讨会,对以上质疑进行回应:怒江水电开发对植物物种影响较小,不存在对原生植被的影响;怒江水电开发不会导致陆生脊椎动物物种灭绝,而水域面积增大,会为水域栖息种类创造更为有利的条件;“三江并流”怒江片区的核心区域在海拔2500米以上,但怒江水电开发规划最高程为1570米,因此不会对其产生大的影响。

针对环保人士“保存中国最后一条自然流淌河流”的主张,云南省官方给出解释:因怒江干流上游已于20世纪90年代建成两座水电站大坝,怒江已经不再是自然流淌的河流。

在反对怒江建水电站的阵营中,站在最前排的是一个女人——2007绿色中国年度人物、北京绿家园负责人汪永晨,她也是被“江河十年行”项目组组长萧远称为“对水电开发商最具杀伤力”,也是“最需要保护”的人。2004年2月,从怒江丙中洛到贡山的路上,绿家园负责人汪永晨接到北京志愿者的一个电话,然后掩面大哭——原来,国务院总理温家宝在国家发改委报送的《怒江中下游流域水电规划报告》上批示:“对这类引起社会高度关注,且有环保方面不同意见的大型水电工程,应慎重研究、科学决策。”

怒江水电开发被搁置。

三、争论并未停止[①]

然而,近十年来,有关怒江水电开发的争论并没有随着怒江水电开发被搁置而停止,环保组织、环保专家、地方政府、地质学家、水电专家等针对怒江水电开发展开了一次又一次的争论,怒江水电开发之争也通过媒体的大量报道为广大民众所熟知,在2008年国家公务员考试中,"怒江建水电站的争议"甚至成为申论的重要试题。

(一)地质问题的交锋

2011年2月,4位地质界专家以联名信方式上书国务院领导,从地质研究的角度反对怒江水电开发,再次引发公众关注。他们在联名信上直陈,"怒江处于活动断裂带、地震频发,身处泥石流重灾区,却多暴雨""在地震、地质上有特殊的高风险,不应建设大型水电站"。

针对怒江水电站的地震风险,2011年3月6日,中国水力发电工程学会、中国大坝委员会组织召开了研讨会,发出了另一种地质意见。中国地震局地震专家徐锡伟表示,"水电站坝址若处于断裂带上,一旦地震,的确无坚不摧。但实际操作中,只要不让坝址区跨断层,提高设防烈度,水电开发依然是安全的。"

地震专家虢顺民在怒江区域工作多年,在云南西部做过一二十个水电站的地震安全性评价,并参与怒江水电开发安全性评价工作。他表示,怒江断裂带并不都在怒江上,而规划中的全部电站大坝都避开了怒江断裂带。

(二)开发怒江是为了更好地保护环境?

怒江水电开发的焦点是围绕生态问题。生态学家和环保主义者认为,中国的绝大部分河流都已经进行了水电开发,只有怒江和雅鲁藏布江还保持着原始生态,而这种原始生态的价值是不可替代的,开发怒江将对当地的生态环境起到难以估量的破坏作用。

而水电专家和地方政府则不这样认为,他们认为开发怒江恰恰是为了保护怒江的生态环境。水电专家张博庭在2013年在《中国能源报》上发表的文章《怒江搁置十年给我们带来了什么?》中对怒江搁置造成的污染算了一笔账:"按照怒江年发电1000多亿度估算,弥补怒江水电的损失我国每年需要多开采、运输和燃烧5000万吨原煤,排放1亿吨二氧化碳。相当于我国每天要多开采、运输和燃烧近14万吨原煤。如果用55吨的火车皮来装,大约需要2490节火车皮。排起来,火车的长

① 邓全伦.怒江水电开发复活[EB/OL].(2013-01-31).http://scitech.people.com.cn/n/2013/0131/c1007-20386352.html。

度相当于北京到天津距离的一半。每天如此大量的煤炭,仅在开采和运输的环节中所产生的粉尘,就足以让人触目惊心,如果再加上燃烧的排放,我们的空气质量还怎么可能不出问题?"

当地政府则从另一个角度证明开发水电对保护当地生态环境的重要作用:"从综合效应看,怒江中下游流域的水电开发对生态环境的保护同样是一件大好事。"省政府研究室一位官员指出,怒江流域生物多样性丰富、被称为"物种基因库"的"三江并流"世界自然遗产地。按申报自然遗产地时提出的"区域划出、高程控制、充分协调"的原则,确定需要重点保护的核心区域在海拔2500米以上,缓冲区也在海拔2000米以上。而怒江水电开发规划最高程为1570米,库区淹没的主要是人地矛盾突出、水土流失最严重的河谷地带,不会对当地十分丰富的生物多样性造成重大影响。此外,怒江州各族群众长期以来生活在海拔2000米以下的"V"型河谷地区,刀耕火种,毁林开荒,对大自然进行掠夺性的开发。由于库区内居民的搬迁,停止了居民因生存需要而进行的各类开发活动,对半山以上相对完整的生态反而会起到更好的保护作用,符合保护世界自然遗产地生物多样性的原则。

2007年怒江州政府提供给第一财经记者的一份材料上这样表述:怒江现在的问题,不仅仅是保护和恢复生态的问题,还有拯救生态的问题。"开发怒江水能资源,对治理怒江流域的生态恶化,具有关键的意义。"

四、怒江的开发冲动①

(一)政府要脱贫

尽管外界争论不休,怒江地方政府数年来却一直难以遏制开发怒江水电的冲动——贫困的压力已超过了环保的压力。

因为社会发展程度低、劳动者素质不高、经济基础薄弱,再加上欠投入、欠开发等因素,一直徘徊在贫困线上。但怒江又是我国资源最富集的地区之一。这里有世界级的水资源,水资源占云南省总量的47%,可开发装机容量达4200万千瓦,为全国六大水电基地之一。怒江号称中国第五大河流,仅在其中下游水电开发装机容量就可达2000多万千瓦。

除此之外,怒江还拥有世界级的矿产资源,锌、铅、锡、金、钨等矿产资源极为丰富。

"怒江捧着金饭碗讨饭的局面要改变,未来还是以矿电强州为主,对大电、大矿的开发要加大力度。"怒江傈僳族自治州发展和改革委员会一位领导明确表示。

---

① 时捷.透视怒江水电工程决策过程中三方利益博弈民主[EB/OL].(2004-04-19).https://news.sina.com.cn/c/2004-04-19/17083144524.shtml。

2007年初,怒江州提出"矿电经济强州"战略:构建国家级水电基地、国家级有色金属基地。其中水电被当地主政者视为是发展最快、最见效者。

在怒江前州长看来,水能是怒江最大的资源,非常丰富,而且是可再生资源,"对于怒江这样边远落后的少数民族地区,只有'靠山吃山,靠水吃水'"。

"优先的选择,是大力开发怒江的水电资源。"这是中科院院士何祚庥深入怒江考察后的感叹。何祚庥认为,怒江水电开发,可以改善当地的贫困环境,可以发展经济,更好地保护怒江的生态环境。

按照最初的设想和水电开发的设计方案,怒江的13级电站年发电量可达1029.6亿千瓦时。经测算,电站建成后,发电产值将达360亿元,每年可上交国家利税80亿元,地方的财政收入将增加27亿元。同时,电站建设的工程投资约需1000亿元,电站的建设将扩大就业,带动当地建材、交通等二、三产业的发展,带动地方GDP的增长。

(二)企业要盈利

2003年6月14日,中国华电集团公司、云南省开发投资有限公司、云南电力集团水电建设有限公司、云南怒江电力集团有限公司在昆明签订协议,共同出资设立公司,全面启动怒江流域水电资源开发。

华电云南总经理郭世明承认:"建水电站,受益最大的确实是企业,但华电是国资委领导下的国有资产控股企业,代表的是国家。"

对此清华大学李楯教授在接受《国际先驱者》采访时担心:"没有一个工程大家会按成本价报,报批的数字本身含有相当大一部分利润。所以只要某个工程国家批了,财政拨款了,他们就可以赚钱,根本不用考虑建好之后能不能有效运转、能不能盈利。"

事实上,在怒江这样水能丰富的地区,电站盈利似乎并不困难。仅仅靠着怒江支流上的49座中小型水电站6万千瓦的发电量(只占整个怒江地区可开发的水能的0.03%),水电公司已经成为当地最大的劳动就业部门和纳税大户。怒江州水电局的一位工作人员介绍说,当地水电行业2000多人就业,每年纳税在1000万以上。

五、被遗忘的声音

这场论争的实质,是关于怒江开发的利益分配问题。资料显示,按原有13级大坝方案建成发电,怒江上的水电站每年产值将达到360亿元,为国家贡献利税80亿元,地方财政收入将增加27亿元,仅怒江州每年地方财政就将增加10亿元。与此相对应的数据是,2003年怒江全州GDP为14亿元。

但这一连串预期的数字,对当地居民直接受益的部分没有提及。

在现有的法律和水电开发模式下,资源属于国家,开发权被授予企业。云南大学亚洲河流中心主任何大明说:“建水电站的最大受益者,当然是电力公司,地方政府也能够脱贫,但这些钱最后能否用到老百姓身上就不得而知了。”

原住民——他们在法律上并不拥有怒江,但生长于此却是千百年来的既成事实,应当如何从成果中受益,常常被忽略。

中国著名的环保NGO绿色流域主任于晓刚说,在现有体制下,工程建设所涉及的民众,包括移民,只能被动地接受政府的安排,他们无法参与到工程的决策中,并在利益博弈中表达自己的意见。这是诸多环保人士和非政府组织所努力的目标,在他看来,怒江既是中国人的怒江,也是怒江人的怒江,在政府、开发商和电力享用者受益的同时,怒江人不仅不应该受损,还应从中分享利益。

“无法回避的是,不少水电大坝的库区移民,不但没有脱贫致富,有些反而还更加贫困。”四川地质公园地质遗迹调查评价中心总工程师范晓称,水电开发商如果视公共资源为私产,通过损害公共利益来使自己的利益最大化,那就应该受到法律和社会公义的约束。

六、低调潜行①

“和发达国家相比,我国大坝建设滞后,导致水电发展也滞后,开发程度只是其三分之二。抱着保护生态的目的阻碍水电开发,却得到了破坏生态环境的效果。”在“水库大坝与环境保护论坛”上,中国水力发电学会副秘书长张博庭再次重复着他的观点。

张博庭指出,“十一五”规划中计划开工建设的水电项目,很多都没有能完成。其中,还发生了在保护生态的口号下,金沙江水电被叫停,怒江的水电开发被搁置等极不正常的现象。

一面是专家的高调支持,另一面作为开发方的云南华电怒江水电开发公司正在低调开展怒江开发的前期工作。

“不能说没有进展,这个事急不来,现在主要做一些基础的工作。”华电怒江水电公司一位人士在接受采访时对记者说。

作为怒江流域水电开发主体,云南华电怒江水电开发公司已成立了六库水电站筹建处、赛格水电站筹建处、亚碧罗水电站筹建处、六丙公路建设公司4个下属单位。六库、赛格、亚碧罗、马吉4个电站和流域开发的主要配套工程已开展相关前期和筹建工作。

根据华电与当地政府的规划,“今年内完成六丙公路专题报告审查和项目审批

---

① 21世纪经济网.环保争议未息 怒江水电开发低调潜行[EB/OL].(2013-11-15).http://stock.10jqka.com.cn/hks/20131115/c562282550.shtml。

工作，完成六丙公路全线初步设计工作，贡山县城迁建前期工作也正在进行。”

六库—丙中洛公路全长 292 千米，计划总投资 150 亿元，是怒江水电最重要的基础工程。

华电怒江公司人士坦承，“水电站具体何时开工，要看国家的核准，关键是环保压力很大，上次中石油在昆明的项目已经引起很大争议，政府不得不慢慢做工作。”“只要等待封库令下来后，就可以做移民安置、水土保持等方面的进一步工作。”

按照“十二五”规划，怒江松塔水电站将率先启动。

资料显示，由大唐集团负责兴建运营的松塔水电站位于滇、藏省界上游约 7 千米的西藏自治区境内，是怒江中下游水电规划的第一个梯级电站，也是怒江中下游梯级规划的龙头水库之一。

在中国水电顾问集团北京院副院长吴义航看来，松塔的建设有利于怒江其他项目的推进，整个怒江是一条“肠子”，因此松塔项目建成的公路将整个怒江中下游串在一起，下游的水电项目不需再修路了。

据悉，怒江政府官员在 2010 年全国“两会”上给云南代表团的每个代表递上了一份关于怒江水电站开发的建议，期待通过全国“两会”这个平台，获取国家对怒江水电站开发的支持。虽然 2003 年怒江第一次提出要建水电站时就引起了广泛的争议，也迟迟未获环保部门批准，但六库电站及整个怒江流域电站建设前期工作一直未停止。

2008 年，在没有国家批准的情况下，怒江水电站的前期工程悄然动工，并以建设社会主义新农村为名，对上游的村庄进行了移民。

至此，在小沙坝村旧址，六库电站的工地大门紧闭，虽然已经停工，但依然可以看出早前热火朝天的影子，作为建设主坝的基础工程围堰也已经修好。过路村民说：“现在是停了，但是盖好之后停的。啥都铺好了，你看那个桩就知道了。”①

著名环保 NGO“绿色流域”的主任于晓刚表示，怒江水电开发现在就是想走只做不说的路子，等木已成舟，就是既成事实了。

七、谨慎启动　怒江最后的宁静

2011 年 1 月底，国家能源局新能源与可再生能源司一位领导表示，关于怒江开发建设的前期论证，特别是设计、研究一直在做，到底怎么推进虽无准确、成型的说法，但一定会开发怒江。这是国家能源局首次就怒江开发明确表态。

2013 年 1 月 23 日，国务院办公厅公布《能源发展“十二五”规划》称，我国在“十二五”将积极发展水电，怒江水电基地建设赫然在列，其中重点开工建设怒江松

---

① 搜狐网. 省委书记叫停！怒江水电有着怎样的诱惑？[EB/OL]. (2016-05-17). https://www.sohu.com/a/75782367_418080。

塔水电站,深入论证、有序启动怒江干流六库、马吉、亚碧罗、赛格等项目。

此次规划的明确,意味着怒江水电开发的重启。此前,因会破坏“原生态环境”等争论,怒江水电开发进度已延宕近10年。

2009年、2011年、2012年“两会”期间,针对云南“三答怒江开发问题”,云南省高层公开表示,怒江水电开发必须处理好流域、生态环境、当地民众等问题;“怒江水电开发现在没动,一个项目都没动”。

2013年1月27日,时任怒江州委书记更是在云南省“两会”上疾呼,希望在省级层面加大统筹协调力度、整合资源,推进怒江干流开发。

据知情者透露,怒江当地政府每年都会组队到北京游说,获取国家有关部门对怒江水电站开发的支持。2011—2012年,每年都和怒江水电开发主体——云南华电怒江开发有限公司多次召开怒江干流水电开发前期工作推进座谈会。

至此,怒江开发“复活”已成定局,但移民、生态、地质等随之而来的一系列问题,依然是其难以绕开的几道坎。可以预见的是,有关怒江水电发展与保护的争论仍会继续。

【思考题】

1. 如何理解习近平生态文明思想的丰富内涵和重要意义?
2. 怒江生态保护与经济发展之争案例带给大家哪些启示?
3. 怒江如何实现既要绿水青山又要金山银山?

【要点分析】

一、深入学习认识习近平生态文明思想的丰富内涵和重要意义

习近平生态文明思想是习近平新时代中国特色社会主义思想的重要组成部分,全面准确地理解和认识习近平生态文明思想有助于从整体上把握习近平新时代中国特色社会主义思想,更好地贯彻党的十九大精神,推进绿色发展,实现中国的绿色崛起。习近平生态文明思想提出了一套相对完善的生态文明思想体系,形成了面向绿色发展的四大核心理念,成为新时代马克思主义中国化的思想武器。结合对习近平中国特色社会主义理论特别是习近平生态文明思想的学习,理论联系实际,使学员对生态保护和经济建设的现实问题有自己的思考和认识。

二、结合“绿水青山就是金山银山”的科学论断思考怒江生态保护与经济发展之争

“绿水青山就是金山银山”是时任浙江省委书记的习近平于2005年8月在浙江湖州安吉考察时提出的科学论断。规划先行是既要金山银山又要绿水青山的前提,也是让绿水青山变成金山银山的顶层设计。2017年10月18日,习近平同志

在党的十九大报告中指出，坚持人与自然和谐共生。必须树立和践行绿水青山就是金山银山的理念，坚持节约资源和保护环境的基本国策，像对待生命一样对待生态环境，统筹山水林田湖草系统治理，实行最严格的生态环境保护制度，形成绿色发展方式和生活方式，坚定走生产发展、生活富裕、生态良好的文明发展道路，建设美丽中国，为人民创造良好生产生活环境，为全球生态安全做出贡献。怒江是我国"最后一条尚未开发的处女江"，生态资源丰富，怒江要创新发展思路，发挥后发优势。因地制宜选择好发展产业，让绿水青山充分发挥经济社会效益，切实做到经济效益、社会效益、生态效益同步提升，实现百姓富、生态美有机统一，从而实现怒江既要绿水青山又要金山银山的目的。

三、如何实现既要绿水青山又要金山银山

习近平总书记在党的十九大做出重要指示，加快生态文明体制改革，建设美丽中国必须要坚持节约优先、保护优先、自然恢复为主的方针，形成资源解决和保护环境的空间格局、生活方式、产业结构，重现绿水青山。结合怒江案例实现既要绿水青山又要金山银山需要：

（一）推进绿色发展

加快建立绿色生产和消费的法律制度和政策导向，完善相关法律、法规，壮大节能环保产业、清洁生产产业，给予绿色产业政策扶持以及资金帮扶。在全社会倡导简约适度、绿色低碳的生活方式，反对奢侈和不合理浪费，开展节约型机关、绿色家庭、绿色学校等行动，号召全社会共同推进资源节约和环境友好型社会建设。

（二）解决环境污染问题

加快推进供给侧结构性改革，淘汰落后产能，提高生产效率。完善相关法律、法规，加强对于超标排放污水废气企业的惩处力度，提高排污标准，强化排污者责任。开展综合性治理工作，强化政府主体责任，完善问责制度，倒逼地方政府履行职责，保护当地环境。

（三）强化生态系统保护力度

实施重要生态系统保护和修复工作，优化生态安全屏障体系。强化湿地保护和恢复。完善天然林保护制度，扩大退耕还林、还湖规模。

空气重污染红色预警的是非路
——北京市空气重污染科学管理案例

王 堰[1] 董泽宇[2]

(1. 中国气象局气象干部培训学院;2. 中共中央党校(国家行政学院))

摘要:2015 年 12 月 7 日,北京市在历史上首次发布空气重污染红色预警,12 月 19 日再次发布红色预警,通过紧急启动一级预警响应,采取机动车单双号限行,涉污企业停工停产,中小学及幼儿园停课等一系列强制性防控措施,有效发挥了警示与污染物减排防护作用,保护了人民群众的身体健康,但也暴露出预警级别划分不科学、区域联动脱节、信息发布迟缓、警示内容含糊、部门落实不到位、公众缺乏预警常识等突出问题,引起全国媒体广泛关注与社会负面舆论,损害了地方政府形象与公信力。北京首发空气重污染红色预警被评为 2015 年中国十大环保事件之一,本文以北京市首次发布空气重污染红色预警为例,重点分析突发事件预警发布与响应的标准、职责、流程与防控措施等。

关键词:北京市 霾 空气重污染 红色预警

一、北京市的空气质量

北京市三面环山,污染物易进不易出,大气扩散条件较差;全市超过 2000 万的人口以及大量的生产、生活活动,大气污染排放量均比较大,大气污染防治形势严峻。

2015 年 11—12 月,京津冀地区共发生 8 次大气重污染。其中最为严重的 3 次重污染,分别发生在 11 月 27 日—12 月 1 日、12 月 6—11 日和 12 月 18—25 日。根据卫星遥感监测结果,11 月 27 日—12 月 1 日重污染主要分布在北京、天津、河北大部、河南大部、山东西部、山西南部等地区,霾影响范围最大面积约为 55 万平方千米,其中重霾面积约为 44 万平方千米。12 月 6—11 日重污染主要分布在北京、天津、河北大部、山西大部、山东大部和河南北部等地区,霾影响范围最大面积约为 66 万平方千米,重霾面积约为 51 万平方千米。12 月 18—25 日重污染主要分布在北京、天津、河北大部、山东大部、河南大部及山西部分地区,霾影响范围最大面积约为 66 万平方千米,其中重霾面积约为 56 万平方千米。

京津冀地区进入采暖季，燃煤排放显著上升，污染物排放强度大幅增加。同时，受厄尔尼诺现象影响，冬季降雪提前，不利气象条件时有发生。使得京津冀地区大气重污染频发，引起社会各界的广泛关注。各级政府对此高度重视，北京在12月8—10日和12月19—22日两次启动重污染红色预警响应，天津、河北多个地市也根据当地重污染情况多次启动重污染红色预警响应，取得了较好的效果。本案例主要展现了两次重污染过程：11月27日—12月1日的橙色预警过程以及12月6—11日的首次红色预警过程。

二、空气重污染预警“橙红门”风波

2015年11月26日夜间，霾悄然进京。

11月27日，京津冀及周边地区70个地级及以上城市中，有9个城市出现重度及以上污染，其中石家庄为严重污染，北京$PM_{2.5}$达到183微克/立方米，为重度污染级别。14时，发布了空气重污染黄色预警。

11月28日，霾面积扩大到53万平方千米，面积相当于法国国土面积，重度及以上污染城市数量增加到23个；北京污染继续加重，$PM_{2.5}$达到252微克/立方米，为严重污染级别。

11月29日，上午已有10个城市空气质量为严重污染，21个城市空气质量为重度污染；北京市在当日下午有一个微弱的冷空气，其日平均$PM_{2.5}$为240微克/立方米，仍然为严重污染级别。

11月29日10时，提升为橙色预警。

11月30日，污染物浓度持续上升，北京环境保护检测中心的实时监控数据显示，30日21时，北京大部分空气质量监测站点的$PM_{2.5}$浓度都在500微克/立方米以上，北京城区的东城东四站点、朝阳奥体中心站点、丰台花园站点的$PM_{2.5}$浓度超过600微克/立方米，郊区中的房山良乡站点$PM_{2.5}$浓度高达723微克/立方米，其中“京西南区域点”，其监测$PM_{2.5}$浓度一度高达945微克/立方米。

从表1可以看出此次污染过程非常严重，连续4天日平均$PM_{2.5}$浓度都超过240微克/立方米，为严重污染，持续近110小时，为2015年最严重的污染过程。

12月1日，解除空气重污染预警。

本次事件在网上引起了强烈的讨论和吐槽。网络大V、网名、媒体纷纷拍摄背景地标性建筑显示霾严重性。重度霾连续5天笼罩北京，人们的情绪普遍受到影响，微信、微博上，很多网友在质问霾为何不启动红色预警？一些专业人士也抱有此看法。

有些环保专家指出，此前研判过程中，环保部门可能低估了29日空气重污染程度，以至于没有启动相应的预警级别。

表 1　2015 年 11 月 26 日—12 月 2 日北京空气质量指数

日期	质量等级	API① 指数	当天 AQI② 排名	$PM_{2.5}$(微克/立方米)	PM_{10}(微克/立方米)
11 月 26 日	良	52	163	33	43
11 月 27 日	重度污染	232	361	183	161
11 月 28 日	严重污染	303	361	252	237
11 月 29 日	严重污染	291	354	240	272
11 月 30 日	严重污染	364	358	339	337
12 月 1 日	严重污染	478	366	476	461
12 月 2 日	优	36	24	18	16

微信公众号“绿色和平”文章称,“因为怕麻烦,至今不愿启动空气污染红色预警”“背后的政治经济账,非气象环保部门所能定夺”。

微信公众号“京事儿”称,“是不是每次预警都只能从当天开始计算?之前几天都抹去不算?要不今天再研判一下,鉴于明天天气好转,就一天根本够不上标准,赶紧把橙色预警撤了算了。”

12 月 1 日人民日报连发三问霾:“为何这么重?为何不发红色预警?何时散?”

对此,北京环保部门负责人解释称,“重污染由 11 月 27 日开始,但从期间预报情况来看,27 日和 28 日两天是重污染状态,但 29—30 日因为一个弱冷空气的影响,有一段明显的改善过程,29 日下午至 30 日凌晨这段时间,全市的 $PM_{2.5}$浓度有一个明显的回落。虽然后期重污染持续至 12 月 1 日,但中间出现了中断,所以达不到持续 72 小时以上重污染的情况,不满足启动红色预警的条件。”按照环境保护部的解释主要是因为预报准确性的问题。

三、首次红色预警

(一)红色预警发布

针对前期空气重污染预警发布与应对过程中出现的问题,2015 年 12 月初的新一轮霾天气,相关部门加强了空气质量监测与研判,预测受污染排放、不利气象条件等影响,预计京津冀及周边地区将在 12 月 7—9 日出现一次空气重污染过程(表 2)。

从 12 月 3 日开始,北京市环保局联合环境保护部、中国气象局、相邻省市开展了空气质量预报会商。

---

① API:空气污染指数,英文全称为 air pollution index。

② AQI:空气质量指数,英文全称为 air quality index。

表 2 2015 年 12 月 4—10 日北京空气质量指数

日期	质量等级	API 指数	当天 AQI 排名	$PM_{2.5}$(微克/立方米)	PM_{10}(微克/立方米)
12 月 4 日	优	36	59	21	34
12 月 5 日	良	72	216	52	72
12 月 6 日	中度污染	176	340	135	159
12 月 7 日	重度污染	233	336	182	201
12 月 8 日	严重污染	295	350	244	240
12 月 9 日	严重污染	297	350	246	17
12 月 10 日	优	36	24	18	16

12 月 4 日环境保护部紧急印发《关于做好 12 月 5—9 日空气重污染过程应对工作的函》,要求北京、天津、河北、山东、河南等省(市)人民政府,"要认真总结近期空气重污染过程应对工作的经验和不足,切实加强空气质量预报预警工作,密切关注空气污染变化情况,要按空气质量预报结果上限确定预警级别,做好应急响应,并根据预测情况及时调整响应级别。"

12 月 5 日早晨,中国气象局协同北京市气象局进行天气会商,做好近期重污染天气预报与预警服务工作。

12 月 5 日 17 时,北京市应急办提前 31 小时发布空气重污染橙色预警,比《预案》规定时限还要早 7 小时。

宣布"12 月 7 日(周一)00 时—9 日(周三)24 时全市实施空气重污染橙色预警措施"。

12 月 6 日,环境保护部在应对环境保护工作会议中宣布,"对应急预案启动不及时、应对工作不力的单位和个人,要严肃追究责任。"

12 月 7 日,北京市区环保、交管、城管执法等各部门组成督察组,对全市预案落实情况进行检查。

12 月 7 日 18 时,北京市环保局微博抢先发布空气重污染红色预警。

12 月 7 日 18 时 30 分,经北京应急委主任批准同意,北京市空气重污染应急指挥部正式宣布,在橙色预警的基础上,启动该市历史上首次空气重污染红色预警(预警一级)。红色预警下的建议性应急措施和强制性应急措施如下:

建议性应急措施:

(1)中小学、幼儿园停课;企事业单位根据空气重污染情况可实行弹性工作制。

(2)原则上停止大型露天活动。

(3)公众尽量乘坐公共交通工具出行,减少机动车上路行驶;驻车时及时熄火,减少车辆原地怠速运行时间。

(4)减少涂料、油漆、溶剂等含挥发性有机物的原材料及产品的使用。

强制性应急措施:

(1)全市范围内依法实施机动车单双号行驶(纯电动汽车除外),其中本市公务用车在单双号行驶的基础上,再停驶车辆总数的30%;公共交通运营部门延长运营时间,加大运输保障力度。

(2)建筑垃圾和渣土运输车、混凝土罐车、砂石运输车等重型车辆禁止上路行驶。

(3)施工工地停止室外施工作业。

(4)在常规作业基础上,对重点道路每日增加1次以上清扫保洁,减少交通扬尘污染。

(5)按照空气重污染红色预警期间工业企业停产限产名单,实施停产限产措施。

(6)禁止燃放烟花爆竹和露天烧烤。

而北京市教委制订的《北京市教育委员会空气重污染应急预案》(2015年3月版)则要求,在红色预警期间,"中小学、幼儿园、少年宫及校外教育机构停课。停课期间,中小学、幼儿园应按照'停课不停学'的原则,通过网络、通信等途径与家长和学生保持联系,提出可参考的合理化学习建议""如遇特殊情况,学校可以根据所在地区及周边情况,做出相应调整,报区教委同意后实施"。

(二)响应实施阶段

国家层面上,北京首次红色预警发布前后,环境保护部重点加强了对京津冀及其周边地区重污染天气应急预案启动和应对措施落实情况的督查工作。

12月6日,环境保护部派出10个工作组进驻北京、天津、河北、山东、河南等地。

12月7日,增派2个工作组进驻河南,协调组织区域内各省市环境执法人员,开展联合执法。

12月7日晚,环境保护部再次召开专题会,充分肯定北京市及时启动"空气重污染红色预警",并要求进一步加大对京津冀及周边地区的督查力度。

北京市层面上,北京市委、市政府高度重视空气重污染红色预警的发布与响应工作。北京市各区、各单位紧急行动起来,采取了多项措施确保空气重污染红色预警能够贯彻落实,有效应对霾污染。

从12月4日起,北京市委、市政府连续召开5次会议,研究决策、动员部署与统筹调度空气重污染应对工作。

12月7日晚,北京市政府紧急召开空气重污染应对有关工作部署会议,会议要求,"要从讲政治和执政为民的高度予以重视,务必确保各项应急措施全面有效落实,严格督查,对各种问题零容忍,严格追责。"

12月8日，北京市委领导到各地检查空气重污染应对措施落实情况。同时要求“要以科学的态度做好研判，坚持依法行政，实施好各项应对措施，更好履行政府职责，更广泛唤醒积极参与大气污染防治的公众意识，把全社会动员起来、凝聚起来，攻坚克难，共同打好大气污染防治攻坚战，切实把绿色发展理念落到实处，推动首都可持续发展。”

按照应急预案要求，北京市空气重污染应急指挥部建议中小学、幼儿园停课，明确要求市交通委、市公安局交管局、市住房和城乡建设委、市市政市容委、市经济信息化委、市环保局、市城管执法局、市卫生计生、教育等部门等近10个部门需采取响应措施。12月7日，北京市政府督查室、市环保局、市监察局组成2个综合督查组，督查了市住建委、市市政市容委、市经信委、市城管执法局等部门应急措施落实情况。

教育

北京市教委根据本市发布的空气重污染红色预警，从12月8日07时—12月10日12时启动空气重污染红色预警措施，要求各个区教委按照《北京市教育委员会空气重污染应急预案》及本区分预案，严格执行红色预警应急响应措施，其中中小学、幼儿园、少年宫及校外教育机构停课。但是，无看管条件的家长仍可送孩子到校。

在教育机构停课方面，12月7日晚上，北京市教委发布紧急通知，要求严格执行红色预警应急响应措施，全市中小学、幼儿园、少年宫及校外教育机构停课，各区教委要责任到人，各级各环节收发通知和落实情况要留痕留名。

红色预警虽已发出，各学校也都纷纷宣布停课，但是对于家中无人照顾孩子的家长们来说，却是一件既开心又烦恼的事，因为孩子停课但家长们却不一定停工。考虑到孩子们由谁来照顾，家长们略“纠结”“我还在犹豫送不送孩子去学校”，育英学校的一位家长收到学校“停课不停学”的通知后表示。

对于家长关心的问题，市教委相关负责人表示，对家中无看管条件，需送到学校的孩子，在和家长确认无误的基础上，学校妥善安排好到校学生的学习、生活。另外，市教委对于各区教委也提出了严格的要求，必须严格了解所辖区域内中小学周边空气及环境状况，指导学校做好应对工作。

远在北京市西北的延庆很多山区的多所学校在放学后才得知这一预警，由于山区孩子通信手段的限制，许多孩子接到停课通知已经是23时。事实上延庆上空的空气污染指数根本没有达到红色预警范围，可仍然要执行北京市教委空气重污染红色预警停课建议。

交通

在机动车限行方面，12月7日晚，市交管局网站挂出了市政府此前发布的《关于应对空气重污染采取临时交通管理措施的通告》，按此通告要求，在空气重污染红色预警期间,每天 03—24 时,在全市行政区域范围内道路行驶的机动车,按车牌尾号实行单号单日、双号双日行驶,全市各级党政机关和北京市所属社会团体、事业单位和国有企业的公务用车全天停驶 80%,建筑垃圾和渣土运输车、混凝土罐车、砂石运输车等重型车辆全天禁止行驶。市交管局相应调整了全市电子监控执法系统与设备,从 12 月 8 日开始启动高等级上勤方案,增派警力加强路面执法和监管力度。经统计,12 月 8 日 07—16 时红色预警时段,共查处违反单双号限行 3690 起、黄标车违法 4 起、货车违法 1943 起(渣土车、混凝土罐车、砂石车等重型车辆违法 1085 起)。为了保障重点道路和轨道交通运营秩序正常,12 月 8 日市交通委根据客流情况采取增发车辆等措施,地面公交增加 2.1 万车次。

工业企业

12 月 7 日 00 时,市城管执法局启动空气重污染二级(橙色)应急预案,在接到空气重污染红色预警后,市城管执法局再次部署空气重污染应急措施落实工作,严格执行强制性措施,全力查处施工扬尘、道路遗撒、露天焚烧(垃圾、树叶、秸秆)、露天烧烤以及无照售煤等违法行为,对督查工作中发现的问题,跟踪整改落实,适时给予通报和曝光,并对整改不力、履职缺位的责任单位将进行约谈和问责。

在企业停限产方面,12 月 7 日,市住建委启动全市住建系统红色预警响应,要求建设施工工地停止土石方、建筑拆除、混凝土浇筑、建筑垃圾和渣土运输、喷涂粉刷等施工作业,停驶所有建筑垃圾和渣土运输车、混凝土罐车、砂石运输车等重型车辆,并采取严格降尘措施。截至 12 月 9 日 17 时,北京市停限产企业达 2100 家,3500 多个工地停止室外施工,全市园林绿化系统停工 178 处,纳入监控范围的 8000 多辆运输车辆停驶;北京市经信委于 12 月 8 日发布消息表示,工业系统进一步升级应急措施,将北京市停限产企业增至 2100 家,部分橙色预警时的限产类企业措施升级为停产。12 月 8—10 日,北京市经信委继续派出 17 个督查组赶赴各区,加大现场督查检查力度;根据市政市容部门统计,12 月 7 日 15 时—8 日 15 时,全市共出动人员 26989 人次、作业车辆 2966 车次,对重点道路增加 1 次以上清扫保洁,并出动 7 个检查组不间断检查。截至 8 日 16 时,纳入北京市监控平台的 8184 辆建筑垃圾运输车辆基本停驶。

(三)检查评估阶段

全市 2100 余家工业企业停限产,尤其是国有大型企业带头加大停限产减排力度,3500 多个施工工地停止室外施工作业,8184 辆建筑垃圾运输车辆基本停驶。园林系统停工 178 处,每日出动 2 万多人次、作业车辆近 3000 车次开展道路清扫保洁工作,实现污染物排放大幅下降。全市中小学和幼儿园严格执行预案,基本实现停课不停学。各医疗机构为可能增加的接诊人群增加了大量值班人员。基层部门在各区政府的部署下,积极落实各项减排措施。

在红色预警期间，针对响应措施落实情况，北京市各区各部门开展了大规模的监督检查。北京市政府督查室、市环保局、市监察局等部门开展市级综合督查，现场督查机动车单双号行驶、工地停工、工业企业停限产等措施落实情况。市环保、经济信息化、建设、城管执法等部门派出多个督察组，督查分管领域的应急减排措施落实情况。各区共组织3000多个督查组，深入工业企业、施工工地、街乡镇等一线，督查检查应急减排落实情况。市环保、城管等执法部门，共出动1万余人次，检查排污单位4000余家，对查处的200余起违法排污行为，高限处罚并公开曝光。交管部门安排3000多名警力上路执法检查。

空气重污染红色预警发布以后，尽管给市民出行生活带来不便，但总的来说，北京市社会稳定，企业生产与居民生活秩序良好，通过机动车单双号限行、企业停限产、减少燃煤等多项措施，有效减少了高峰时段的污染物排放量和上升速度，对保护市民的身体健康起到了积极作用。在首次红色预警中，北京市环保局的初步测算结果显示，前期橙色预警和随后的红色预警减排措施，将日平均污染水平由严重污染压低至重度污染水平，即从空气质量标准中最严重的六级压低至五级。单双号行驶等措施极大减少了高峰时段的汽车怠速排放量，交通环境监控站的监测结果显示，早高峰时段的一次污染物一氧化氮峰值浓度出现明显下降，与其他重污染日相比，降幅接近40%，外围环线的夜间峰值也有明显下降。北京市环保局的内部统计数据显示，通过实施红色预警措施，北京市大气主要污染物SO_2、NOx、PM_{10}、$PM_{2.5}$、VOCs等平均减排量约30%，12月7—9日，北京市$PM_{2.5}$平均浓度为224微克/立方米，比未采取应急措施情况下的预计浓度降低约20%。如此减排效果并非是偶然为之，同样的成效也出现在第二次红色预警中，环境空气质量数值模拟评估结果显示，北京空气重污染红色预警应急措施对污染物的减排量约30%，周边省份综合应急措施对污染物的减排量约25%。“依据多年监测建立起来区域的排放清单，通过模型模拟，可以看到北京市从19日07时红色预警开始，到22日00时，$PM_{2.5}$下降比例在20%～25%。”

2015年北京市空气重污染应急指挥部办公室发布空气重污染橙色预警2次、红色预警2次，共计停工12天。市住房和城乡建设委关于在执行预警期间调研报告中详细列出，因停工造成损失如下：

1. 估计直接经济损失63.6亿元左右。按照每位劳务工人生活补助100元每天计算，全市80万劳务工人、停工47天的生活补助为：12×100×80＝9.6亿元。按每个工地机械、材料租赁费15万元每天计算，全市3000个工地。停工12天的租赁费为：3000×12×15＝54亿元。两项合计63.6亿元左右。

2. 减少产值204亿元左右，按照270个工作日计算，每天完成产值22.2亿元，因此停工12天减少产值266.4亿元左右。考虑到停工期间部分工地还能进行室内装修等施工作业，估计减少产值204亿元左右。

(四)社会反响与舆论

人民网舆情监测室于2015年12月8日18时34分发布的统计数据显示，北京市空气重污染红色预警发布以来，共有相关新闻报道1861篇、微博667条、微信文章619篇、报刊新闻290篇、论坛帖子316条。

《京华时报》认为，“这次北京霾红色预警既是给广大民众生活出行的预警，也是给相关部门的一次红牌警告。当污染已经危及人的正常生活时，就有必要采取适当措施。”许多媒体释疑红色预警相关知识、详述各部门应急措施，起到宣传与普及的作用，号召全体社会成员行动起来，共同应对霾。

北京卫视和新闻频道《特别关注》节目中两次增加气象直播连线，制作雾和霾天气过程与成因对比分析、空气重污染预警和霾预警信号的区别、雾和霾天气情况和发布标准等方面的科普节目。有的媒体提出了相关评论性的倡议，如《新京报》评论道，“红色预警这次的预警引起了全国各地区民众的关注，其实也是在向整个社会发出的共同治霾‘集结号’，大家应该自觉去爱护环境”。

公众借助互联网渠道和社交媒体踊跃交流各种观点。网友们普遍表达了对红色预警下霾及其强制性响应措施对自身造成影响的关注与担忧，认可这是一种进步并提出根治霾等建议。

独立评论人老徐时评称“从橙色预警到红色预警，这是气象环保预报工作的一个进步，至少对重污染不再遮着掩着了”。

许多网民聚焦民生话题，关注单双号限行，红色预警限行4天罚款罚了1000万。这引发了一阵吐槽声，有人质疑限行到底有什么效果，骂这是拿普通老百姓开刀；也有人质疑罚款的合理性，认为这是给居民增加负担。

还有关于中小学停课等应急措施，呼吁部分单位实行在家办公，认为限行影响正常出行，担心孩子照看问题。不少网民针对红色预警中的诸多不便，探讨改进红色预警标准。

网民“林犀牛”认为“红色预警标准应该不断修改、完善，力求更加科学、合理，找准发展和环保之间的平衡点”。

更有许多网民重提经济转型的必要性，认为“红色预警看似立竿见影，却只是权宜之计”“产业转型和绿色生活方式才是治本良策”，呼吁蓝天保卫战须升级，而不局限于“红色预警”和“等风来”。在网络舆论中，也不乏发泄不满情绪与调侃的声音，质疑空气重污染红色预警的负面言论，如“北京‘被发射’的地标建筑物”“霾中的跳广场舞大妈”“逼近伦敦烟雾事件”等。

境外媒体对北京空气重污染红色预警给予了极大关注。12月8日，纽约时报中文网、德国之声中文网、BBC中文网等境外主流媒体在首页头版重要位置对红色预警进行报道，强调首次发布红色预警，关注北京市部分学校停课、车辆单双号限行等措施。BBC将北京首次红色预警与巴黎气候峰会相联系，称“中国的空气质量问题是其推进全球气候变化新协议的关键因素。巴黎气候协议虽不能立马解决中国的空气污染问题，但若能使可再生能源价格进一步降低，从长远角度来讲，将有利于解决该问题”。国际学术期刊《自然》研究认为，北京冬季霾加重的原因在于厄尔尼诺现象。美联社、CNN、NHK等媒体关注霾对中国经济的影响。美联社和NHK认为，霾危机致使北京各大工厂关闭，但却带动了防霾产品销量上升。CNN认为，空气污染使北京旅游业受创，“旅游业在空气污染笼罩北京和中国其他城市时更是首当其冲，据中国旅游研究院消息，至2014年中国的海外游客连续3年下滑，空气污染是罪魁祸首”。南早中文网、明镜新闻网、法广中文网等少数境外媒体炒作北京市民不满治霾不力的态度，刊发了《空污红警下的北京市民》等文，凸显市民对霾天气的埋怨和调侃。

大气污染是一个长期、复杂、艰巨的过程，首次空气重污染红色预警在一定程度上给社会各个阶层敲响了警钟，红色预警，究竟“预警”了什么？答案尚未明确，但是首次红色预警过程有太多值得欣喜之处，也有可总结的经验教训。可以确信，红色预警不是速效救心丸，而是一次疗效甚久的药剂，让职能部门更有责任感；也不是给民众吃的糖豆，而是一次操练，以此更加提升公民的命运共同体意识。但愿在社会各阶层的努力之下，早日还大家一片蓝天。

【思考题】

1. 本次案例过程中预警信号发布、预警响应等过程存在哪些问题？分析出现这些问题的原因。

2. 如何提高预警信号发布的时效性和准确性？

3. 如何提高预案编写的科学性和针对性？

4. 针对以上的分析结果对今后的工作有哪些启示和意义？

【要点分析】

北京市首次空气重污染红色预警虽然成效明显，获得社会与公众的肯定与积极配合，但是在预警发布和响应过程中，暴露出一些问题。围绕以下几个知识点来分析：

1. 科学决策的定义，科学决策也称理性决策。是指在科学的决策理论指导下，以科学的思维方式，应用各种科学的分析手段与方法，按照科学的决策程序进行的符合客观实际的决策活动。本次案例中红色预警发布之前的橙色预警过程更符合红色预警发布的条件，但是未能按照《预案》的规定进行发布，而首次红色预警发布的时效性也有待提高，按照《预案》规定，红色预警应当提前24小时发布，给各方留出充足的响应时间，而本次红色预警的发布只提前 13 小时，远低于规定要求，从预警的作用来看，其核心价值在于为预警对象争取足够的时间，而首次红色预警在这方面没有做到位。预警发布的时效性和科学性有待提高。

2. 科学决策的程序性，一个部门能否做到科学决策，首先要在常规的工作中，要形成一套可执行的机制，遵循科学避免随意决策，在正确的理论指导下，按照一定的程序，正确运用决策技术和方法来选择行为方案。政府部门是发布预警的权威主体，根据相应《预案》规定，有些相应级别的原始预警信息由不同的部门负责对外发布。《预案》规定，红色预警由市应急委主任批准，由市应急办组织发布。而此次预警未能按照《预案》规定，在一定程度上造成了社会认识混乱，削弱了红色预警的严肃性与权威性。因此预警发布主体与流程有待优化与磨合。

3. 科学决策的择优性是指在多个方案的对比中寻求能获取较大效益的行动方案，择优是决策的核心。红色预警期间在预警信息发布过程中由于缺乏针对性，为了落实响应措施，政府不得不紧急行动，在企业经济运行方面，北京市相关行业与企业经济损失巨大。据住建部门初步统计，为落实应急响应措施，仅全市建设工程施工停工带来的直接经济损失和减少产值合计约为每天 22.3 亿。付出较大的经济成本，一定情况下，增加了企业的负担，造成了极大的浪费，红色预警应急状态下的社会成本过于高昂。

从空气重污染红色预警案例来看，发布红色预警是一个比较复杂的流程，包括政府多个部门进行协商协调，只有进行科学的预判和决策才能取得良好的效果。气象部门是多种气象预警信息发布的主管部门，预警信息发布的实效、对象、内容以及响应的科学性也需要进一步提升。希望通过本案例的学习，学员在这些问题上能够深入反思、汲取经验和教训，进而有所借鉴，提升自身的科学决策能力。

消除首都的"心肺之患"坚决打赢蓝天保卫战
——京津冀大气污染合作治理案例

张黎黎　王卓妮

（中国气象局气象干部培训学院）

摘要：本案例的资料主要来源于对京津冀环境气象预报预警中心、北京市气象局的实地调研和与相关单位领导及工作人员的深度访谈，同时查阅网络资料、书籍、学术论文等公开资料。案例描述了20世纪90年代以来，随着中国城市化、工业化、区域经济一体化进程不断加快，区域大气污染问题凸显，通过剖析京津冀大气污染的成因、阐述大气污染联防联控的历史经验及进程，促使学员进一步理解环境治理中政府间合作的必要性、存在的问题和面临的挑战，激发学员思考如何促进政府间合作治理，共同解决公共问题，提升领导干部合作治理的意识和能力。

关键词：京津冀　大气污染　合作治理

自然环境是人类的舞台。良好的环境是人类生存与发展的基础。环境与每个人的命运息息相关，如果环境被破坏，人类终将饱尝苦果。

20世纪90年代以来，随着中国城市化、工业化、区域经济一体化进程不断加快，污染物的高强度集中排放以及在不同城市和地区间的相互输送，大气污染逐渐从局地、单一的污染转变为跨区域、复合型大气污染，对经济社会可持续发展和公众生命健康造成严重影响。

事实证明，以行政区划为边界的属地型治理模式无法解决区域大气污染问题。跨区域、复合型大气污染要求在大气污染治理中以相邻区域为单位，开展合作治理。

一、空气灾难，震惊世界的一月霾污染

2013年1月，连续高强度的霾席卷我国中东部地区，造成大量航班延误、高速公路封闭、民众出行困难、呼吸道疾病高发。多国媒体对此次霾污染事件进行了追踪报道，引发国际社会高度关注。

本次霾污染范围涉及我国中东部、东北及西南共计10个省(区、市),受害人口达8亿以上,其中污染最严重是京津冀区域。据统计,2013年1月京津冀共计发生5次霾污染过程。整个1月,北京、天津、石家庄超过2016年国家空气质量二级标准(75微克/立方米)的天数分别为22天、21天、26天。

年初的霾只是序曲,进入10月以后,大范围霾污染又蔓延至哈尔滨、苏州、上海,甚至三亚等地,从东北到华南无一幸免。2013年霾天数成为52年来最多的一年。美国福布斯中文网盘点的2013年度全球气候、能源领域的五大话题事件,中国的大气污染"一举夺魁"。英国广播公司(BBC)公布的2013年度"十大气象问题",中国的霾天气也赫然上榜。

二、脆弱的领地,先天地理不足与后天畸形发展

《2013年中国环境状况公报》[①]显示,进行监测的74个重点城市中,空气质量相对较差的前10位城市是邢台、石家庄、邯郸、唐山、保定、济南、衡水、西安、廊坊和郑州,其中京津冀地区占了7席。京津冀区域13个地级及以上城市有10个城市达标天数比例低于50%。京津冀地区超标天数中以$PM_{2.5}$为首要污染物的天数最多,占66.6%。人们不禁要问,地处东北亚环渤海核心地带的京津冀地区,如何在不到百年间成为我国大气污染最严重的区域?

京津冀霾来源解析

霾的核心物质是空气中悬浮的灰尘颗粒。霾中含有数百种大气化学颗粒物质,它们侵入人体会诱发各种疾病,其中以$PM_{2.5}$危害最为严重。$PM_{2.5}$是指大气中直径小于或等于2.5微米的颗粒物,也称为可入肺颗粒物。它的直径不到人的头发丝粗细的1/20,主要来源于日常发电、工业生产、汽车尾气排放等过程中经燃烧而排放的残留物,大多富含大量的有毒、有害物质,且在大气中的停留时间长、输送距离远,因而对人体健康影响巨大。

$PM_{2.5}$的组成十分复杂,包含各种各样固体细颗粒和液滴,其主要成分是有机物、硫酸盐、硝酸盐、铵盐、碳以及各种金属化合物等。

$PM_{2.5}$的来源可分为自然源和人为源,自然源包括风扬尘土、火山灰、森林火灾、海盐等;人为源包括一次颗粒物和二次颗粒物。一次颗粒物由燃煤烟尘、工业粉尘、机动车排气、建筑及道路扬尘等污染源直接排放;二次颗粒物由排放到大气中硫氧化物、氮氧化物、氨、挥发性有机物等通过发生复杂的化学反应而产生,是大气中$PM_{2.5}$的主要来源。

---

① 环境空气质量综合指数:评价时段内,6项污染物浓度与对应的2级标准值之商的总和即为该城市该时段的环境空气质量的排名。

2014 年 4 月 17 日，北京市环保局发布 $PM_{2.5}$来源解析结果。[①] 结果显示，北京市空气中 $PM_{2.5}$主要成分为有机物（OM）、硝酸盐（NO_3^-）、硫酸盐（SO_4^{2-}）、地壳元素和铵盐（NH_4^+）等，分别占 $PM_{2.5}$质量浓度的 26%、17%、16%、12%和 11%。北京市全年 $PM_{2.5}$的来源中，区域传输贡献占 28%～36%，本地污染排放贡献占 64%～72%，特殊重污染过程中，区域传输贡献可达 50%以上。在本地污染贡献中，机动车、燃煤、工业生产、扬尘为主要来源，分别占 31.1%、22.4%、18.1%、14.3%，餐饮、汽车修理、畜禽养殖、建筑涂装等其他排放约占 14.1%。

北京市 $PM_{2.5}$成分和来源呈现两个突出特点：一是二次粒子影响大。$PM_{2.5}$中的有机物、硝酸盐、硫酸盐和铵盐主要由气态污染物二次转化生成，累计占 $PM_{2.5}$的 70%，是重污染情况下 $PM_{2.5}$浓度升高的主导因素。二是机动车对 $PM_{2.5}$产生综合性贡献。首先，机动车直接排放 $PM_{2.5}$，包括有机物（OM）和元素碳（EC）等；其次，机动车排放的气态污染物包括挥发性有机物（VOCs）、氮氧化物（NO_x）等，是 $PM_{2.5}$中二次有机物和硝酸盐的“原材料”，同时也是造成大气氧化性增强的重要“催化剂”。另外，机动车行驶还对道路扬尘排放起到“搅拌器”的作用。

京津冀地区的地形结构

京津冀地处华北平原，东临渤海湾，南接中原，西侧为太行山脉，北侧是燕山山脉。从地势上看，京津冀地区整体呈现西北高、东南低的特点。从地形上看，京津冀地区整体以平原为主，也囊括了高山、草原、山岭、平原、滩涂、海滨等多种地形结构。

京津冀地区以北京为界，北京以北的地区空气质量较好，北京以南的区域空气质量相对较差。尤其是冬季，西北风从蒙古草原南下，华北平原中南部成为大气污染扩散的下风向。如果有强劲且持续的西北风，京津冀地区的大气污染物会持续向南扩散，京津冀地区的空气质量才有所保证。如果天气静稳，华北平原中南部则会沉积大量的污染物，造成严重的霾。

京津冀地区的区域发展

京津冀地区三地地缘相接，地域一体，文化一脉，历史渊源深厚。然而，地缘相接的京津冀地区资源配置能力差异极大、发展极度不平衡。

北京，作为中国的首都，是全国政治中心、文化中心、国际交往中心和科技创新中心。北京对各种资源有着超强的吸纳能力，特别是人才、教育、科技力量雄厚。

---

① 北京市环保局. 北京市 $PM_{2.5}$来源解析正式发布[EB/OL].（2014-10-31）. http://www.gov.cn/xinwen/2014-10/31/content_2773436.htm。

2018 年 5 月 14 日，北京市发布了新一轮的细颗粒物（$PM_{2.5}$）来源解析最新研究成果。研究表明，本地排放占 2/3，在本地排放中移动源占 9/20；区域传输占 1/3，但重污染日区域传输贡献超过 1/2。各主要源对 $PM_{2.5}$的绝对浓度贡献明显下降；本地源呈现“两升两降一凸显”（即移动源、扬尘源贡献率上升，燃煤和工业源贡献率下降，生活面源贡献率进一步凸显）；区域传输贡献有所增加。

天津,作为直辖市,一直是我国北方传统的工业港口城市,工业比较发达,对资源和人才的吸引力在北方也保持了一席之地。而环绕京津的河北,长期以来工业以高能耗、高排放、高污染的钢铁行业、水泥业、玻璃制造业为主,在人才、资金、技术、教育资源等方面更是远远落后于京津两地。不仅如此,为保证京津两座特大城市正常运转,河北还是两地重要的水资源涵养地、生态屏障区和农副产品供应地。而且由于惯性发展与路径依赖,三地的发展差距有扩大之势。

京津冀三地发达的经济与工业、大量外来人口的聚集,不仅导致了环境的重负,而且加剧了水资源供需矛盾。长期以来,水资源并不丰富的河北不仅要维持自身的工业与居民用水,而且要向北京、天津供水。为保证用水,三地均存在不同程度的抽取地下水行为,导致华北平原形成世界上最大的"漏斗区"。因为缺水,植被生长困难,大面积地表的裸露,加剧京津冀地区的扬尘。

为解决大量外来人口的居住问题,北京远郊各区以及河北的燕郊、廊坊、固安等地兴建了大量住宅,大规模的人口迁移并聚集居住于城市,对各种公共服务设施都提出了更高要求,也消耗了更多能源。

汽车之城的崛起

北京 2020 年国民经济和社会发展统计公报显示,2020 年末全市机动车保有量 657 万辆,位列全国之首。汽车数量在短时期内急剧增加,导致大气自净能力减弱,本地污染急速上升。不同于烟囱型煤烟排放,大部分机动车的动力来源于燃油燃烧,而且汽车尾气排放空间区域与人类呼吸的空间密切相关。在燃油品质欠佳、燃烧不充分的情况下,汽车尾气造成的污染成倍增加。

在燃油机动车中,柴油车的污染较大。特别是重型柴油车,单车每千米的排放量是汽油车的数十倍。从北京市来看,柴油车的排放影响主要分布在郊区,如通州、亦庄、房山等,空间差异较大。

机动车除了直接排放 $PM_{2.5}$外,还产生大量 $PM_{2.5}$的气态前体物,这些气态前体物本身就是 $PM_{2.5}$中二次有机物和硝酸盐的"原材料",同时,挥发性有机物和氮氧化物的存在,也是造成大气氧化性增强的关键物质。

机动车对道路扬尘还有"搅拌器"的作用。道路扬尘里的 $PM_{2.5}$有大量有机物和黑碳,沉降到地面的 $PM_{2.5}$在机动车的搅拌下,被碾压并再次扬起,形成大量道路扬尘。

以煤炭为主的消费结构

人类开发、利用煤炭的历史源远流长。新中国成立以来,北京的能源消费结构以煤炭为主导。20 世纪末,北京的能源消费结构迅速向天然气转变。

虽然自 2005 年以来北京的煤炭消费总量持续下降,甚至成为全国唯一累计增幅为负数的地区,但同期河北煤炭消费量持续增长,占到京津冀地区煤炭总消费量的 80%。河北省的能源消费结构跟高耗能的钢铁、水泥、陶瓷、玻璃等产业密切相关。河北省是我国第一钢铁大省,钢铁产量多年位居全国第一,密集的高耗能产业客观上也使河北成为煤烟型污染的重要来源和重灾区。

虽然河北面临着严重的污染困境,但如果压缩产能又可能造成就业不足、经济衰退等新的困境。而且,这种困境的产生又有着历史和现实等复杂原因。例如,为了保障北京奥运会的顺利举行,北京向河北外迁了大量的工业企业,客观上也挤压了河北自身的环境容量。同时,北京旺盛的重工业产品需求也刺激了河北的生产能力。河北的环境改善、产业转型、经济发展之困局,破解并非易事,靠其一己之力也难以完成。

三、联防联控,京津冀大气污染一体化治理

随着工业化、城镇化的快速推进,与之相关的资源、环境、生态等一系列社会问题接踵而至,生态环境承载力受到前所未有的考验。大气污染是环境污染的重要表现,它不仅影响了生态环境本身,而且严重危害人类健康。

我国自 20 世纪 70 年代开始大气污染防治与研究工作。20 世纪 80 年代,我国大气污染防治主要采取总量控制的措施,即以大气环境质量为基本依据,根据环境质量标准中各种污染物参数及其允许浓度,对区域内各种污染物的排放总量实施控制的管理制度。实践证明,这一措施对于点源性、局部性污染具有很好的控制效果。但随着我国大气污染区域特征日益凸显,总量控制措施的局限性也日渐明显。

20 世纪 90 年代,我国针对煤烟、酸雨等污染物的特点,提出新的大气污染治理方式。1998 年 1 月,《国务院关于酸雨控制区和二氧化硫污染控制区有关问题的批复》明确提出酸雨控制区和二氧化硫控制区的划分方案和控制目标。这一批复中蕴含了区域控制酸雨和二氧化硫的思想,也是我国大气污染区域控制的雏形。

此外,我国条块分割的环境监管体制以及对大气污染单因子监管模式,使得区域大气污染治理困难重重,区域联防联控呼之欲出。

北京经验:2008 年奥运会空气质量承诺

区域联防联控治理大气污染在我国并非无先例可循。为兑现"绿色奥运"承诺,最大限度减少污染物排放,保障奥运会期间空气质量,北京市政府制定并实施了一系列污染控制措施,加强了对煤烟型污染、机动车污染、工业污染和扬尘污染的治理,并且投入大量资金用于环境治理。

此外,我国首次打破地域行政限制,北京联合周边地区开展大气污染治理。在借鉴国际经验基础上,北京、天津、河北、山西、内蒙古和山东 6 省(区、市)主要以扬尘污染、机动车污染、工业污染、燃煤污染为控制对象,通过区域联动实施环境综合治理和临时减排措施。

2006 年 11 月,经国务院批准,成立了由国家环保总局和北京市政府牵头的北京 2008 年奥运会空气质量保障工作协调小组,其成员还包括天津、河北、山西、内

蒙古、解放军总后勤部、奥组委等省、市、部门主管领导。2006 年 12 月开始,北京 2008 年奥运会空气质量保障工作协调小组多次召开会议,研究出台了《第 29 届奥运会北京空气质量保障措施》,并于 2007 年 10 月获得国务院批准。

《第 29 届奥运会北京空气质量保障措施》决定在实施北京市第十四阶段控制大气污染措施基础上,2008 年 7 月 20 日—9 月 20 日,通过实施加强机动车管理、倡导绿色出行,停止施工工地部分作业、强化道路清扫保洁,重点污染企业停产和限产、燃煤设施污染减排、减少有机废弃排放和实施极端不利条件下的污染控制应急措施 6 大类措施。同时,6 省(区、市)分别有针对性地进行燃煤锅炉高效脱硫除尘技术改造、清洁能源替代、机动车升级换代,提前实施机动车 IV 排放标准、淘汰小锅炉、小水泥、小钢铁,储油库和油罐车的油气回收改造等,以减少奥运期间大气污染排放,保障北京市空气质量。2008 年,河北省、天津市和北京市分别成立了以省(市)主要领导为组长的空气质量保障工作领导小组或协调小组,对奥运会空气质量保障进行部署。

有效的控制措施、严格的管理以及区域间通力合作有效地降低了大气污染物排放总量。据估算,奥运会、残奥会期间,北京大气污染物排放量与 2007 年同比下降 70%左右。全部赛事期间,空气中的二氧化硫、可吸入颗粒物、一氧化碳、二氧化氮等主要污染物平均浓度下降了 50%左右,北京市空气质量达标率为 100%(其中 12 天达到一级标准),完全兑现了奥运会空气质量承诺。

达成共识:京津冀地区大气污染联防联控的提出

2010 年 5 月,环境保护部、国家发展和改革委员会、科学技术部、工业和信息化部等 9 个部门共同发布了《关于推进大气污染联防联控工作改善区域空气质量的指导意见》(国办发〔2010〕33 号)(以下简称《意见》)。《意见》指出,我国一些地区酸雨、霾等区域性大气污染问题日益突出,“解决区域大气污染问题,必须尽早采取区域联防联控措施”,要“以科学发展观为指导,以改善空气质量为目的,以增强区域环境保护合力为主线,以全面削减大气污染物排放为手段,建立统一规划、统一监测、统一监管、统一评估、统一协调的区域大气污染联防联控工作机制,扎实做好大气污染防治工作。”[①]这是国务院出台的第一个专门针对大气污染联防联控工作的综合性政策文件。

2012 年 12 月,环境保护部发布《重点区域大气污染防治“十二五”规划》,进一步明确提出建立联席会议制度、联合执法监管机制、环境影响评价会商机制、信息共享机制、预警应急机制等,力图在区域联防联控机制建设方面有所突破和创新。

---

① 国务院办公厅.国务院办公厅转发环境保护部等部门关于推进大气污染联防联控工作改善区域空气质量指导意见的通知[EB/OL].(2010-05-11).http://www.gov.cn/xxgk/pub/govpublic/mrlm/201005/t20100513_56516.html。

2013 年 9 月，国务院出台《大气污染防治行动计划》(国发〔2013〕37 号)，要求建立区域协作机制，统筹区域环境治理。明确指出建立京津冀、长三角区域大气污染防治协作机制，由区域内省级人民政府和国务院有关部门参加，协调解决区域突出环境问题，组织实施环境影响评价会商、联合执法、信息共享、预警应急等大气污染防治措施，通报区域大气污染防治工作进展，研究确定阶段性工作要求、工作重点和主要任务。[①] 这一政策的出台，进一步推动了京津冀大气污染联防联控战略的实施。

为贯彻落实《大气污染防治行动计划》，京津冀及周边地区加大区域大气污染防治工作力度。2013 年 9 月，环境保护部、国家发展和改革委员会等 6 部门联合印发《京津冀及周边地区落实大气污染防治行动计划实施细则》(环发〔2013〕104 号)，提出建立京津冀及周边地区大气污染防治协作机制，“经过 5 年努力，京津冀及周边地区空气质量明显好转，重污染天气较大幅度减少。力争再用 5 年或更长时间，逐步消除重污染天气，空气质量全面改善。”[②]《京津冀及周边地区落实大气污染防治行动计划实施细则》的发布，标志着京津冀及周边地区大气污染区域联防联控机制正式建立，京津冀及周边地区大气污染综合治理进入新阶段。

持续推进：京津冀大气污染联防联控机制的建立与发展

2013 年 9 月，京津冀及周边地区大气污染区域联防联控机制正式建立。从国家层面到京津冀三地，均出台了相关政策，设立相应机构，围绕区域联防联控开展工作。

为统筹协调各方力量，2013 年 9 月，环境保护部牵头组建了全国大气污染防治部际协调小组，负责指导督促落实《大气污染防治行动计划》、强化部际交流与合作、建立大气污染防治长效机制等方面工作。

2013 年 9 月 18 日，成立了京津冀及周边地区大气污染防治协作小组(以下简称协作小组)。协作小组成员包括京、津、冀、晋、鲁、内蒙古、豫 7 省(区、市)及环保部、发改委、工信部、财政部、住建部、气象局、能源局、交通运输部在内的 8 部门(河南省、交通运输部在 2015 年 5 月加入)，确立了“责任共担、信息共享、协商统筹、联防联控”的工作原则，不断深化区域大气污染防治协作机制。同时，为推动区域大气污染的科学治理，2014 年 9 月，成立京津冀及周边地区大气污染防治专家委员会，整合各界科技力量，对区域大气污染治理的方向、方法和技术提供科技支撑。

除推进组织机构建设外，京津冀地区也推动建立了区域监测预警会商机制和

---

① 国务院办公厅. 国务院关于印发大气污染防治行动计划的通知[EB/OL].(2013-09-10). http://www.gov.cn/zwgk/2013-09/12/content_2486773.htm。

② 环保部，发改委，工信部，等. 京津冀及周边地区落实大气污染防治行动计划实施细则[EB/OL].(2013-09-17). http://www.mee.gov.cn/gkml/hbb/bwj/201309/t20130918_260414.htm。

区域信息共享机制。2014 年,北京市牵头建设了覆盖京津冀及山西、内蒙古、山东 6 省(区、市)的空气质量预报预警会商平台,实现了 6 省(区、市)环境监测部门视频会商。此后,三地采取系列措施完善重污染天气的应急联动长效机制,建设区域大气污染防治信息共享平台,加强重污染天气监测预警评估体系建设,统一京津冀区域重污染天气预警分级标准等,不断深化京津冀大气污染合作治理。

经过 5 年的协同行动,京津冀地区大气污染联防联控机制基本建成,大气污染治理取得阶段性成效。区域细颗粒物($PM_{2.5}$)平均浓度比 2013 年下降 39.6%,北京市 $PM_{2.5}$ 平均浓度从 2013 年的 89.5 微克/立方米降至 58 微克/立方米,《大气污染防治行动计划》空气质量改善目标和重点工作任务全面完成。[①]

党的十九大提出将污染防治攻坚战作为决胜全面建成小康社会的三大攻坚战之一,要求坚持全民共治、源头防治,持续实施大气污染防治行动,打赢蓝天保卫战。此后,国家相继出台了《中共中央国务院关于全面加强生态环境保护坚决打好污染防治攻坚战的意见》《打赢蓝天保卫战三年行动计划》。为推动完善京津冀及周边地区大气污染联防联控协作机制,京津冀及周边地区大气污染防治协作小组调整为京津冀及周边地区大气污染防治领导小组,建立汾渭平原大气污染防治协作机制,纳入京津冀及周边地区大气污染防治领导小组统筹领导。调整之后,领导层级更高、参与成员更多、职责分工更细。领导小组由国务院牵头,成员单位增加了公安部,以确保各地区、各部门形成合力,实现区域协同发展。主要职责明显强化,包括贯彻落实党中央、国务院关于京津冀及周边地区大气污染防治的方针政策和决策部署;组织推进区域大气污染联防联控工作,统筹研究解决区域大气环境突出问题;研究确定区域大气环境质量改善目标和重点任务,指导、督促、监督有关部门和地方落实,组织实施考评奖惩;组织制定有利于区域大气环境质量改善的重大政策措施,研究审议区域大气污染防治相关规划等文件;研究确定区域重污染天气应急联动相关政策措施,组织实施重污染天气联合应对工作等。[②]

结束语

建设生态文明是中华民族永续发展的千年大计。党的十八大以来,党中央、国务院把生态文明建设摆在更加突出位置,纳入中国特色社会主义事业“五位一体”总布局。京津冀协同发展是党中央在新的历史条件下提出的重大国家战略,在这一背景下,京津冀大气污染的合作治理迈出了坚实的步伐。然而,京津冀地区环保支付能力不一,合作治理中环境政策法规的不统一,合作中的固化思维……这些,

---

① 高敬.我国“大气十条”目标全面实现[EB/OL].(2018-01-31). http://www.gov.cn/xinwen/2018-01/31/content_5262590.htm。

② 国务院办公厅.国务院办公厅关于成立京津冀及周边地区大气污染防治领导小组的通知[EB/OL].(2018-07-03).http://www.gov.cn/zhengce/content/2018-07/11/content_5305678.htm。

都考验着政府的治理理念和智慧。

区域环境治理,任重道远!

【思考题】

1. 请结合京津冀地区霾的成因剖析大气污染治理为何要进行合作治理?合作治理的主体包含哪些?

2. 京津冀地区大气污染合作治理的动力和阻力分别有哪些?

3. 请结合前面的问题,提出京津冀地区大气污染合作治理的政策建议。

【要点分析】

一、谁来治理?——合作治理的主体

大气污染的来源和类型决定了大气污染治理需要多元主体治理。空气公共物品的属性和大气污染的负外部性决定大气污染治理以政府为主导。

京津冀大气污染的合作治理,从管理结构看,国务院负责总治理与总协调,京津冀及周边地区各级人民政府负责本地污染源治理,各部委主要负责协调区域传输的污染治理。从治理结构看,京津冀大气污染的合作治理不仅包括上述管理主体,还包括立法机构、司法机构、利益集团、新闻媒体、舆论机构和研究机构,企业、个人,以及国外组织和外国机构。

二、如何治理?——合作治理的规则

规则包括正式规则和非正式规则。正式规则是指影响京津冀大气污染合作治理的相关法律、标准和管理文件。非正式规则是指在正式规则之外,部门、地方、个人因为利益关系而实施的、对京津冀大气污染合作治理产生事实影响的"潜规则"。

规则的制定和执行受哪些因素影响解释了京津冀大气污染合作的动力和阻力。大气污染及治理的相关法律、法规及政府间合作的广度和深度成为影响合作的动力和阻力。

解决大气污染合作治理的动力主要来源于公民的环境意识、发展战略的转型和高层领导的重视、国际社会的影响。阻力则来自于企业、地方政府、部门利益以及信息的不对称。

同时,区域经济发展不平衡,各地环保支付能力不一;相关法规政策缺失,区域间经济发展和环境保护失衡;环保基数差距,抬高了区域大气污染防治门槛;合作中固化的思维方式成为影响京津冀大气污染合作治理的深层次困境。

三、如何改善?——政策建议

从政策途径看,一是加强顶层设计,实现多中心的治理模式;二是完善体制机制建设,科学处理区域环境保护和经济发展关系,特别是在绩效考核上要有所体

现;三是强化科技、创新支撑;四是完善信息披露机制和公众参与机制。

从法律途径看,一是在立法层面完善各级法律、法规、标准,完善信息披露机制和公众参与机制;二是在执法上加强区域联动和应急处置;三是从司法上完善责任界定。

从教育途径看,一是加强科学知识的科普与教育;二是加强相关法律知识的科普与教育;三是加强对公众低碳生活方式的科普与教育。

依法履职尽责　做好新时代气象工作
——“东方之星”号客轮翻沉事件科学管理案例

黄秋菊[1]　田　燕[1]　孙　庆[1]　曾凡雷[1]　顾文波[2]
（1. 中国气象局气象干部培训学院；2. 中国气象局气象干部培训学院湖北分院）

摘要：“东方之星”号客轮翻沉事件是一起由突发罕见的强对流天气（飑线伴有下击暴流）带来的强风暴雨袭击导致的特别重大灾难性事件。如何审视气象部门在日常管理及预防和应对气象灾害事件中是否能够有效履行自身职责，就成为在气象部门落实习近平法治思想和以人民为中心思想的重要方面。该案例对气象部门履职过程中存在的主要问题和成因进行了更加深入的分析，为进一步改进和完善相关体制机制，更好地履行气象部门的职能提供了重要启示。

关键词：东方之星　防灾减灾　部门履职　科学管理

一、“东方之星”轮翻沉经过

（一）狂风暴雨掀翻客轮

2015 年 5 月 28 日 13 时，“东方之星”轮由南京港五马渡码头出发，计划 6 月 7 日 06 时 30 分抵达目的港重庆。

起航时，在船的船员 46 人，其中包括 52 岁的船长张顺文（他是个老水手，他在船上工作 32 年，有 17 年当船长的经验），乘客 408 人。一路上，轮船按计划停靠码头，游客上岸观光。

6 月 1 日中午，“东方之星”轮从赤壁再次起航，前往荆州。这时天气还不错，多云，风力 2 级，能见度 10 千米以上。

“东方之星”轮

“东方之星”轮船长 76.5 米，总质量 2200 吨，型宽 11 米，型深 3.1 米，核定乘客定额为 534 人。该船于 1994 年建造，属于使用 15 年以上的客船，中间曾进行翻修，但尚未到达 30 年的客船强制报废年限。客轮只设一、二、三等舱，船上配有 GPS 导航系统、卫星电视、电话、卡拉 OK 厅等设备设施。涉事游轮曾被交通部评为“部级文明船”。

入夜,“东方之星”继续航行。21 时左右,轮船前方远处出现闪电,下起小雨。紧接着,电闪雷鸣,风雨开始加大。

与此同时,一艘名为“长航江宁”号的轮船也行驶在附近水域。该船船长在雷达屏上发现前方 1500 米处显示雨的杂波,于是命令慢车,并在 21 时 07 分告知“东方之星”:本船已慢车,准备稳船,如天气不好将在前方抛锚。

(二)东方之星的最后 12 分钟

21 时 18 分,“东方之星”轮行驶至大马洲水道 3 号红浮(长江中游航道里程 301.0 千米)附近,风向由偏南风转为西北风,风雨开始加大。

21 时 19 分,张顺文听见风雨声加大,从自己的房间进入驾驶室。此时,大副刘先禄正在雷达显示器后指挥驾驶,舵工李明万在操舵,水手黎昌华则站在车钟旁协助瞭望。张顺文向大副刘先禄了解情况后,接手指挥。

21 时 21 分,风力迅速增至 10 级,能见度严重下降,张顺文命令大副减速,左微舵。他打算转向顶风至右岸一侧水域后抛锚。船速减至 12 千米/小时。

21 时 24 分,强风吹得轮船开始后退。1 分钟后,后退速度达到 5.6 千米/小时。

21 时 26 分,客轮所处水域突遇下击暴流袭击。

船长张顺文察觉到船在后退,他命令大副加车,后退速度减缓。然而,就在此时,风速瞬间增至 32～38 米/秒,风力达到 12～13 级,轮船很快失去了控制。

21 时 28 分,休班的大副程林、谭健也赶到驾驶室。21 时 30 分,“东方之星”轮失控,开始进水。

21 时 31 分,船舶主机熄火,迅速向右横斜,约 21 时 32 分,“东方之星”轮翻沉,AIS 与 GPS 信号消失。

(三)船长报告翻沉事件

当沉船打捞出水后,人们在驾驶室和机舱里找到石英钟,时间分别定格在 21 时 33 分和 21 时 32 分。

轮船倾覆时,张顺文仍然在驾驶室内。轮船倾覆后,他在水中摸到左舷窗户,然后钻出水面,顺流游上左岸。

张顺文上岸后,遇到轮机长杨忠权、大副谭健和程林,4 人沿岸边寻找其他幸存者。后遇到一艘工程船,张顺文借手机报告船舶翻沉。

23 时 40 分,岳阳海事局负责人与获救的船长张顺文通话,确认“东方之星”轮已遇险翻沉。

6 月 2 日 00 时 10 分,船长张顺文向重庆东方轮船公司值班员报告船舶翻沉,该公司随后启动应急预案,并向万州区人民政府报告。

01 时 15 分，事件经岳阳海事局、长江海事局、中国海上搜救中心逐级上报至交通运输部和国务院总值班室。

船长张顺文上报有关情况后，被海巡艇带至派出所。

……

二、举国动员，全力搜救

“东方之星”轮翻沉事件牵动人心，引发各方高度关注。事件发生后，在国务院工作组直接指挥下，湖北、湖南、重庆等地党委和政府，中央有关部门统一行动，人民解放军、武警部队及海事部门迅速调集力量，一场举国动员的搜救行动迅速展开。

根据党中央、国务院领导同志做出重要指示批示精神，各个部门全力开展救援和应急处置工作。交通部门，除了对沉船扫描定位、救助打捞，协调船舶现场搜救，还要警戒并疏导事发水域交通；卫生部门，除了组织卫生救援力量，还要安排救援场所、协调救援车辆、进行心理干预；还有水文气象部门进行现场水文、气象监测与查看分析；所在地党委政府，接待家属、安排保障；解放军、武警部队进行灾情侦察、现场搜救、外围警戒、应急抢救；长江调度三峡水库下泄容量，方便救援……

从解放军、武警、海事、长航、消防等现场救援，到卫生、气象、水文、通信、燃油、饮水、直升机等现场保障，救援的每一项工作，背后都是成百上千人的默默参与；救援的每个阶段，都需要多部门协调推进。

与此同时，众多公益组织自下而上的组织动员也发挥着至关重要的作用。面对发生在监利的这起事件，这个港口小城民间蕴藏的力量瞬时爆发，爱如潮水涌动。在监利，随处可见的黄丝带传递着“一方有难，八方支援”的真情。

中国志愿服务联合会会员单位湖北省志愿者协会按照救灾指挥部的指令进行了统一调度和精心安排，迅速动员集结志愿者、掀起各类志愿服务高潮。6 月 2 日，湖北省志愿者协会成立了以湖北省志愿者协会秘书长范蓉、副秘书长金明为专班的调度中心，通过湖北志愿者之家 QQ 群和“青春湖北”与“湖北省志愿者协会”官方微信公众平台，传达救灾指挥部信息，调度全省近百个志愿者团队。根据当时情况，确立了以监利本地志愿者为主，各地志愿者随时待命，不盲目参与的原则展开救援。

在监利县人民医院，设置乘客家属登记点分流引导，接待家属、安抚心理，“蓝天下”妇女儿童维权中心 73 名志愿者成为重要力量。接收捐赠物资再分送，在官兵驻扎点洗菜、做饭、送饮用水；参与酒店接待、发放雨伞……时时处处都闪动着手系黄丝带的志愿者的身影。

为动员更多的群众加入进来，6 月 5 日，共青团监利县委、监利志愿者协会向全县发出《关于做好“东方之星”沉船事件志愿服务的倡议书》，在青春湖北官方平台发布后,迅速得到积极转发和响应。在招募600多名志愿者后,整合各个组织各类志愿者进行了分组,共6个工作组:家属接待组、车辆接送组、住宿安排组、交通疏导组、物资调配组、网络文明志愿行动组。

除湖北本地志愿者参与救援外,还有北京蓝天救援队、广州殡葬专业志愿者服务队等外省市志愿组织驰援监利。

科学救援,组织有序,这样的救援行动弥漫在整个监利,小城满是大爱。

最终,经各方全力搜救,事发时船上454人中12人生还,442具遇难者遗体全部找到。

三、气象部门提供服务保障过程

(一)事发前后天气情况

6月1日21—22时,“东方之星”轮航行水域上空出现飑线天气系统,该系统伴有下击暴流、龙卷、短时强降雨等局地性、突发性强对流天气,客轮倾覆水域遭受强风暴雨袭击。

21时00分—21时17分,“东方之星”轮航行水域为偏南风,风力总体不大,瞬时极大风速为6.3～10.2米/秒(风力4～5级);约21时18分,“东方之星”轮航行水域受到飑线天气系统影响,风力开始加大,风向转为西北风,21时18—25分,瞬时极大风速达24.6米/秒左右(风力10级);约21时26分,“东方之星”轮航行水域遭受下击暴流影响时间约6分钟,在此期间,风力进一步加大,瞬时极大风速达32～38米/秒(风力12～13级)。

21—22时,“东方之星”轮倾覆水域出现了短时强降雨天气并伴有雷电,1小时累计降雨量达94.4毫米,其中1分钟最大降雨量达2.6毫米(注:24小时降雨量超过50毫米为暴雨,超过100毫米为大暴雨)。

关于飑线和下击暴流

飑线是由许多单体雷暴云连在一起并侧向排列而形成的强对流云带。下击暴流是指一种雷暴云中局部性的强下沉气流,到达地面后会产生一股直线型大风,越接近地面,风速越大,最大地面风力可达15级。

由于下击暴流持续时间极短、尺度极小,很难对其预警。美国的研究表明,其预警时间与其距离雷达的远近有关:距离20～45千米,可提前5.5分钟预警;距离45～80千米,提前预警的时间为0;小于20千米或大于80千米的则无法准确预警。在事发地,最近的岳阳天气雷达也在50千米,事发前难以对下击暴流做出预警。

(二)气象预报预警服务工作情况

“东方之星”沉船位置处于湖北省荆州市监利县，相应的气象服务主要由国家、湖北省、荆州市、监利县4级气象部门提供。针对此次极端天气过程，国家、省、市、县4级气象部门提前发布了暴雨、雷电等天气预报预警信息。

1. 中央气象台

6月1日18时发布暴雨蓝色预警和强对流预报，明确指出江汉部分地区有大雨或暴雨，湖北中部偏南和东南部局部地区有大暴雨(100～180毫米)，局地有雷暴大风等强对流天气。

2. 湖北省气象局

5月31日的决策气象服务中，发布重大气象信息专报〔2015〕第12期，重点提及荆州等地6月1—2日有暴雨至大暴雨天气过程，局地有短时雷雨大风对流性天气。

5月31日的专业气象服务中，发布暴雨及雷雨大风重要信息专报。

6月1日15时12分发布了暴雨黄色预警信号，指出“预计未来6小时，当阳、枝江、宜都、荆门、荆州、松滋有50毫米以上降水，并伴有雷电，请注意防范”。

6月1日的公众气象服务(含预警信息、天气状况、天气预报、科普知识等)包括，在湖北气象官方网站发布“每日天气”，对6月1日的暴雨形势及相关防范措施进行了提示和建议。“湖北气象”官方微信发布了“本周雨中开场，今晚暴雨如注”的气息服务信息，并发布了气象灾害防御科普知识。湖北经视、湖北卫视、湖北公共、湖北综合频道发布了预警信息，并在节目讲解了暴雨防御科普知识。通过湖北气象官方网站、国家突发事件预警信息发布网、湖北天气新浪和腾讯微博发布预警信息。

6月1日下午，湖北省防指召开紧急会商会，省防指成员参加会议。湖北省气象局领导与会并介绍了近期天气预报，强调6月1—2日，全省自西向东有一次强降水天气发生，其中鄂西北有中到大雨，其他地区有大到暴雨，局部有大暴雨，并伴有雷雨大风等强对流天气。

6月1日19时，启动重大气象灾害(暴雨)四级应急响应命令。荆州等15个有关市(州)、省直管市(区)气象局，省气象局业务直属单位及省气象局机关相关处室立即进入应急响应状态，按应急响应流程做好应急服务工作，加强应急值班值守、及时发布预警、组织加密会商等，及时报告响应情况。十堰、襄阳市气象局依实际情况适时启动相应应急响应。

6月1日20时05分，发布暴雨黄色预警信号：预计未来6小时，石首、监利、洪湖有50毫米以上的降水，伴有雷电，请注意防范。

6月1日的专业气象服务中,通过湖北省专业气象服务网站——天气通网站提供了暴雨、雷电预警信息服务。

6月1日晚,移动、联通、电信通过手机短信向公众发布:“气象部门预报,今晚至明天(1—2日),湖北省自西向东将有一次强降水天气发生,其中,鄂西北中到大雨,其他地区大到暴雨,局部大暴雨,强降水中心位于恩施、荆州、荆门、随州、孝感、武汉、黄冈北部等地,过程累积雨量一般80～150毫米、局部可达200～300毫米,并伴有雷雨大风等强对流天气,请做好防范工作”。

3. 荆州市气象局

6月1日09时,发布重大气象信息专报:6月上旬荆州市将有两次强降水天气过程,分别发生在1—2日和7—9日。其中1—2日强降水时段集中在1日晚到2日白天,过程累计雨量80～100毫米、局部可达150毫米左右,并伴有雷雨大风等强对流天气。

6月1日17时,发布暴雨黄色预警:预计未来6小时,荆州、松滋部分地区有50毫米以上降水,并伴有雷电,请注意防范。

6月1日18时30分,发布短时警报:预计未来2小时公安部分地区有短时强降雨,并伴有雷电,雨量30～40毫米,请注意防范。

6月1日20时25分,发布暴雨黄色预警:预计未来6小时我市石首、监利、洪湖有50毫米以上降水,并伴有雷电。请注意防范。

6月1日,提供公共气象服务:通过电视、微信等媒体开展强降水天气公众气象服务,荆州新闻频道、公共频道、社区频道天气预报栏目7次播报,明确预报提示6月1日晚至2日白天有强降水天气过程,并伴随有雷雨大风。通过国家突发事件预警信息发布网发布了预警信息。

4. 监利县气象局

5月31日15时38分,发布转折性天气预报:6月1日晚到2日,监利县将出现强对流天气过程,预计雨量可达暴雨量级,并伴有雷电活动,最强降水出现在1日夜间到2日上午。请注意提前防范。

6月1日10时10分,提供决策气象服务,发布重大气象信息专报:根据最新气象资料分析,预计6月上旬监利县将有两次强降水天气过程,分别发生在1—2日和7—9日。其中1—2日强降水时段集中在1日晚到2日白天,过程累计雨量80～100毫米、局部可达150毫米左右,并伴有雷雨大风等强对流天气。

6月1日17时28分,发布暴雨黄色预警:预计未来6小时,监利县将出现50毫米以上降水,并伴有雷电,请注意防范。

6月1—2日,提供公共气象服务,监利县电视台气象影视节目发布1—2日天气预报并提示有雷雨大风。

(三)气象应急响应、应急保障情况

6 月 1 日 19 时，重大气象灾害(暴雨)四级应急启动后，湖北省气象局应急相关岗位迅速到位，按照职责开展工作。

6 月 2 日 04 时左右，湖北省气象局开始组织实施监利沉船事件的应急气象服务工作。06—07 时，湖北省气象局多次与中国气象局开展应急气象服务的视频会商。之后，省气象局相关局领导分别赶赴监利，现场组织救灾气象服务。省气象局应急办、减灾处、观测处、预报处以及荆州市气象局、监利县气象局等相关人员按照应急命令组织应急与气象监测预报服务工作。

6 月 2 日 08 时 30 分，中国气象局发布签发中国气象局进入“东方之星”旅游客船翻沉气象服务特别工作状态响应命令，要求“中国气象局应急办、减灾司、预报司、观测司，气象中心、气候中心、卫星中心、信息中心、探测中心、公共服务中心、宣传科普中心、报社，湖北、湖南等省气象局”立即进入特别工作状态。各单位要根据有关突发公共事件气象保障服务的要求，针对搜救及时提供气象服务，加强天气监测预报预警服务工作。

6 月 2 日 10 时，湖北省气象局签发“湖北省气象局关于启动湖北省水上搜救气象应急保障服务一级响应的命令”。

同时，湖北省气象局成立现场工作组，襄阳市气象局移动气象台立即赶往监利现场协助开展监测预警预报工作。

武汉中心气象台立即启动制作了《6 · 1 长江客轮倾覆事件专题气象服务》材料，重点围绕救援工作，加强短临预报和预警，每 3 小时滚动提供事件地点精细化天气预报。

6 月 2 日晚，水利部、中国气象局相关领导联合召开会议，传达中央领导重要指示精神，部署组建气象水文工作组，并明确工作组主要任务、工作规则、运行机制，要求气象、水文和防汛部门全力以赴做好气象水文保障服务和防汛调度工作。从 3 日开始，工作组向有关部门(单位)及时提供气象水文信息。6 月 3—15 日，气象水文现场工作组向救援总指挥部和有关部门(单位)提供气象水文信息 18 期。

(四)为长江海事部门提供气象服务情况

湖北省气象局和海事部门的合作由来已久。为做好长江航运安全气象服务，湖北省气象局从 2009 年开始，便通过网站、电话传真、手机短信等方式向长江海事部门开展天气预报、预警服务。2009 年，武汉中心气象台通过传真方式对长江海事局发布大风预警信号。2010 年 5 月 8 日开始，根据对方口头需求，增发大雾预警信号。湖北省气象中心向长江海事局信息中心提供的天气信息共 3 种，分别是预警信息、短时预报和常规预报。

5 月 30 日、5 月 31 日湖北省气象服务中心连续为省港航管理局(湖北省地方海事局)等单位提供了专业气象服务,提醒注意本次强降水过程的影响。

6 月 1 日 15 时 12 分、20 时 05 分,省气象局针对荆州地区连续发布 2 次暴雨黄色预警信号。6 月 1 日 18 时 30 分,荆州市气象局发布短时警报。6 月 1 日 17 时 28 分,监利县气象局发布暴雨黄色预警。

省级预警信息通过短信方式向省政府及省港航管理局(省地方海事局)等有关厅局和部门发布,通过传真方式向省防办等部门发布,通过网络方式向长江海事局信息中心等单位发布。

荆州市预警信息通过短信方式向荆州市委、市政府及港航局、海事局等部门,监利县委、县政府及河道管理局等决策人员发布。监利县预警通过短信方式向县委、县政府及县交通局(县地方港航海事局)等部门人员发布。

四、国务院调查组调查情况

事件发生后,党中央、国务院高度重视。习近平总书记立即做出重要指示,要求国务院即派工作组赶赴现场指导搜救工作,湖北省、重庆市及有关方面组织足够力量全力开展搜救,并妥善做好相关善后工作。同时,要深刻吸取教训,强化各方面维护公共安全的措施,确保人民生命安全。李克强总理立即批示交通运输部等有关方面迅速调集一切可以调集的力量,争分夺秒抓紧搜救人员,把伤亡人数降到最低程度,同时及时救治获救人员。6 月 2 日凌晨,李克强总理率马凯副总理、杨晶国务委员以及有关部门负责同志,紧急赶赴事件现场指挥救援和应急处置工作。6 月 4 日,习近平总书记、李克强总理先后主持召开中央政治局常务委员会会议和国务院常务会议,强调要组织各方面专家,深入调查分析,坚持以事实为依据,不放过一丝疑点,彻底查明事件原因,以高度负责精神全面加强安全生产管理。

根据党中央、国务院领导同志重要指示批示精神,经国务院批准,成立了国务院"东方之星"号客轮翻沉事件调查组(以下简称事件调查组),由安全监管总局牵头,工业和信息化部、公安部、监察部、交通运输部、中国气象局、全国总工会、湖北省和重庆市等有关方面组成,并聘请国内气象、航运安全、船舶设计、水上交通管理和信息化、法律等方面院士、专家参加。

事件调查组坚持"科学严谨、依法依规、实事求是、注重实效"的原则,克服各种异常困难,连续作战,紧紧围绕"风、船、人"3 个关键要素,分析梳理出社会重点关注的相关问题,不断充实加强调查力量,调整完善调查工作方案,深入开展谈话问询和勘查取证,运用科学手段分析论证。调查期间,先后调阅了船舶、企业和有关单位的大量原始资料,收集汇总各类证据资料 1607 份、711 万字;对生还旅客、船长、船员及同水域相邻船舶有关人员和目击者进行逐一调查取证,形成 50 余万字的询问笔录;组织专家对船舶进行了细致全面勘查,并委托专门机构对物证进行解读鉴定；调取船舶自动识别系统（AIS）、全球定位系统（GPS）数据制作船舶轨迹图，先后多次进行了风洞风载模型试验、水池导航操纵模型试验、航海模拟器仿真模拟试验，还原了事发时气象、船舶行驶和船员操作过程；委托第三方机构对船舶建造和历次改建以及事发前实载状态的稳性进行了认真复校核算；对事发风灾区附近360平方千米范围内的14个重点区域进行了多轮实地勘查和空中航拍，调取气象卫星、天气雷达、地面气象站等观测资料进行综合分析，先后7次组织北京大学、南京大学、灾害天气国家重点实验室、中国科学院大气物理研究所和中国气象局等上百名国内外专家一起进行专题研究，在综合分析气象卫星、新一代多普勒雷达和地面气象自动站分钟级观测数据，以及现场调查情况、目击者笔录等多种资料的基础上，科学判定了事发时的天气状况。事件调查组先后召开各类会议200余次，对调查情况进行反复研究论证，在此基础上形成一份调查报告。

经调查认定，"东方之星"轮翻沉事件是一起由突发罕见的强对流天气（飑线伴有下击暴流）带来的强风暴雨袭击导致的特别重大灾难性事件。"东方之星"轮航行至长江中游大马洲水道时突遇飑线天气系统，该系统伴有下击暴流、短时强降雨等局地性、突发性强对流天气。受下击暴流袭击，风雨强度陡增，瞬时极大风力达12～13级，1小时降雨量达94.4毫米。

船长虽采取了稳船抗风措施，但在强风暴雨作用下，船舶持续后退，船舶处于失控状态，船艏向右下风偏转，风舷角和风压倾侧力矩逐步增大（船舶最大风压倾侧力矩达到船舶极限抗风能力的2倍以上），船舶倾斜进水并在一分多钟内倾覆。

调查组还查明，"东方之星"轮抗风压倾覆能力不足以抵抗所遭遇的极端恶劣天气。该轮建成后，历经3次改建、改造和技术变更，风压稳性衡准数逐次下降，虽然符合规范要求，但基于"东方之星"轮的实际状况，经试验和计算，该轮遭遇21.5米/秒（9级）以上横风时，或在32米/秒瞬时风（11级以上），风舷角大于21.1°、小于156.6°时就会倾覆。事发时该轮所处的环境及其态势正在此危险范围内。船长及当班大副对极端恶劣天气及其风险认知不足，在紧急状态下应对不力。船长在船舶失控倾覆过程中，未向外发出求救信息并向全船发出警报。

调查组还建议对检查出的在日常管理和监督检查中存在问题负有责任的43名有关人员给予党纪、政纪处分，包括企业7人，行业管理部门、地方党委政府及有关部门36人，其中，副省级干部1人、厅局级干部8人、县处级干部14人。责成重庆市政府按照有关规定对重庆东方轮船公司进行停业整顿。调查组在对事件从严、延伸调查中，也检查出相关企业、行业管理部门、地方党委政府及有关部门在日常管理和监督检查中存在以下主要问题：

一是重庆东方轮船公司管理制度不健全、执行不到位。违规擅自对"东方之星"轮的压载舱、调载舱进行变更，未向万州区船舶检验机构申请检验；安全培训考核工作弄虚作假，对客船船员在恶劣天气情况下应对操作培训缺失，对船长、大副等高级船员的培训不实,新聘转岗人员的考核流于形式;日常安全检查不认真,对船舶机舱门等相关设施未按规定设置风雨密关闭装置、床铺未固定等问题排查治理不到位;船舶日常维护保养管理工作混乱;未建立船舶监控管理制度、配备专职的监控人员,监控平台形同虚设,对所属客轮未有效实施动态跟踪监控,未能及时发现“东方之星”轮翻沉。

二是重庆市有关管理部门及地方党委政府监督管理不到位。重庆市港口航务管理局(重庆市船舶检验局)、万州区港口航务管理局(万州船舶检验局)未严格按照要求进行船舶检验,未发现重庆东方轮船公司违规擅自对船舶压载舱和调载舱进行变更,机舱门等相关设施未按规定设置风雨密关闭装置、床铺未固定等问题;对船舶检验机构日常管理不规范,对验船师管理不到位;对公司水路运输许可证初审把关不严,对公司存在的安全生产管理制度不健全、执行不到位、船员培训考核不落实等问题监督检查不力。万州区交通委对万州区港口航务管理局安全监督管理工作指导和监督不到位;万州区国资委未认真落实“一岗双责”,对公司未严格开展安全监督检查,对公司存在的培训考核弄虚作假、安全管理制度不健全等问题督促检查不到位。万州区委区政府对万州区交通委等相关部门的安全生产督促检查不到位,对辖区水上交通安全工作指导不力。

三是交通运输部长江航务管理局和长江海事局及下属海事机构对长江干线航运安全监管执法不到位。长江航务管理局未有效落实航运行政主管部门职责,办理水路运输许可证工作制度不健全,审查发放水路运输证照把关不严;长江海事局、重庆海事局、万州海事处对重庆“东方之星”轮船公司安全管理体系审核把关不严,未认真履行对航运企业日常安全监管职责,日常检查中未发现企业和船舶存在的安全隐患和管理漏洞等问题。岳阳海事局未严格落实交通运输部、长江海事局对客轮跟踪监控的要求,未建立跟踪监控制度,值班监控人员未认真履行职责,对辖区内“东方之星”轮实施跟踪监控不力,未及时掌握客轮动态和发现客轮翻沉。

至此,“东方之星”号客轮翻沉事件告一段落,但留给反思却还远远没有结束……

【思考题】

1. 从气象防灾减灾的角度出发,在此事件中,气象部门依法应当履行的职责和承担的工作任务有哪些?

2. 如何评价此事件中,气象部门在监测、预报预警、应急响应与应急保障、业务服务规范化建设方面的工作?

3.“东方之星”沉船事件对气象部门职能履行有哪些意义及启示?

【要点分析】

一、政府职能的内涵和关键要素

政府职能，从狭义政府角度看，是指政府作为国家行政机关依法对社会实施公共管理所承担的具体职责和应发挥的作用。在理解政府职能时，应把握好如下3个方面：

第一，政府职能实施的主体是行政组织系统及其工作人员。

第二，核心价值涉及“应该做什么”“不应该做什么”的问题。

第三，实施的基本准则：依法行政。要求工作人员要以法律为依据，遵守法定程序。(《中华人民共和国气象法》)

二、政府职能履行的模式选择

政府的权力是有限的，但在实践中常常存在：政府在权利扩张的过程中，责任却没有扩张，这样就导致了政府的权责与权能不对等。

国务院总理李克强在出席2014年夏季达沃斯的开幕式时详解3张施政“清单”：政府要拿出“权力清单”，明确政府该做什么，做到“法无授权不可为”；给出“负面清单”，明确企业不该干什么，做到“法无禁止皆可为”；理出“责任清单”，明确政府该怎么管市场，做到“法定责任必须为”。权利与责任是不可分割的：现代公共管理体系设置了两个层次的责任，一是政府的责任，即政府作为一个整体的责任；二是行政人员的责任，即行政人员是否正确地和有效地行使公共权利。根据理论设计，责任与权利的配比是正向统一的，无论是政府还是行政人员，行使一定的权利就必须同时负以相应的责任。

三、政府职能履行的价值取向

习近平总书记在处理“6·1事件”中强调“人命关天，发展绝不能以牺牲人的生命为代价”。应将此作为“一条不可逾越的红线”和政府职能履行的价值取向，将管理体系的构建与国家整体安全、深化改革和推进国家发展战略有机统一起来，通过科学管理，有效遏制因气象因素导致的灾难，真正确保“人的安全”和维护社会稳定与繁荣。

责任虽有限，但服务无限。作为管理者，应从如下3个方面努力，一是在技术上，提升对新技术、新方法的研究能力(从预报到监测)；二是加强气象部门规划、沟通、组织、协调能力；三是不断提升管理者自身的科学管理和决策能力。

预报从田间地头发出
——浙江省慈溪市气象局公共气象服务发展案例

孙　庆　张改珍

(中国气象局气象干部培训学院)

摘要:本案例是在深入调研和访谈的基础上编写而成的。案例开发过程中,作者一对一访谈了浙江省气象局领导、宁波市气象局领导、慈溪市气象局的领导和职工。本案例以浙江宁波市慈溪市气象局原局长符国槐为人物线索,讲述了 1980—2014 年,慈溪市气象局公共气象服务的发展历程,重点描述了慈溪市气象局的公共气象服务在服务方式、服务方法、服务产品等方面的发展与变化,描写了局长符国槐推动改革的思路及其在管理理念、管理方法、管理制度等方面的创新过程。

关键词:慈溪气象局　公共气象服务　管理创新

2014 年 7 月,08 时,慈溪市气象局局长符国槐像往常一样走进办公室。这是一个"改革之夏":从 2012 年的县级气象机构综合改革到全面推进气象现代化建设,再到 2014 年的全面深化气象改革。对于在这里工作 34 年的局长符国槐而言,他已经感觉到各种问题接踵而至,各种矛盾会不断袭来。

风风雨雨几十年,如今的浙江省宁波市慈溪市气象局已经建立起了一个日渐完善的服务体系、一支专业化的服务队伍、稳定良好的社会关系。可是,在局长符国槐的心里,他很清楚"创业难、守业更难,将事业做大、做强更是难上加难!"

三十四年前

1980 年 7 月,刚刚毕业分配到慈溪气象站的符国槐,第一天上班,激动的心情在迈进单位大门的那一刻戛然而止:办公场所是几间破房子,院子里鸡鸭乱飞乱跑,随处可见鸡粪、鸭粪。刚走几步,臭味儿迎面扑来,原来隔壁是个养猪场,苍蝇蚊子满天飞。

符国槐怎么也想不到一个国家单位会这么破、这么差劲。此外,他也觉得很不自在。站里仅 11 个职工,但是彼此之间并不和谐,尤其是老同志之间,三天两头就吵架。

工作环境差、基础设施差、氛围也差……这一切,让符国槐着实有些沮丧。符国槐知道“一辈子要在这个单位干下去，这是没有选择的。”他很快调整了心态：“作为年轻人，埋怨这个环境、埋怨这个单位，还不如自己主动跳出来改造这个环境。”

带着这样的想法，符国槐开始学习业务，并逐渐熟练，一干就是5年。

走马上任

1985年1月，符国槐被任命为慈溪气象站副站长，主持工作。

气象部门素有“三苦部门”之称：工作辛苦、条件艰苦、生活清苦。当担子真正压到了自己身上，感到沉重的同时，符国槐开始思考如何让这个单位走出困境：“这么一个烂摊子，究竟该怎么办？”

9月，上级气象部门下发了《国务院办公厅转发〈国家气象局关于气象部门开展有偿服务和综合经营的报告〉的通知》。全国很多气象站搞起了“小本生意”：种菜、养鸡、养猪……

可是符国槐走马上任的第一把火却烧到了“鸡舍、鸭舍、猪圈”。“养鸡养猪种地是主业，工作成了副业，这样肯定不行！必须全部拆掉！”符国槐将有限的资金用于环境改造，彻底清理环境顽疾。鸡舍全部清理掉，杂草丛生的地也改造成水泥地，还做了小花坛。

正当符国槐看到即将面貌一新的单位而舒心之时，一天夜里值班，一位老职工和他的儿子冲了进来，二话不说，就把热水瓶给砸了。符国槐很吃惊：我跟你无冤无仇，平时也没有什么积怨，怎么来砸我的热水瓶？“别的单位也这么做，你凭什么拆了我们的鸡舍，砸的就是你！”符国槐恍然大悟，马上解释：“我做这件事没有针对哪个人，你看看，我们现在的环境跟比原环境不知好了多少倍，大家都生活在这个地方，难道你不想好吗？还想回到鸡鸭成群，到处粪便的环境里吗？问问你儿子，他愿不愿意改变这个环境？……”老同志无言以对，离开了。

虽然环境改造了，但这次经历让符国槐深切地感受到了改变是如此之难：“推动工作还需统一职工的思想。但是很多职工的思想认识还上不来，并不能认识到改变带来的好处。”怎么办？

他决定先从年轻人抓起：“年轻人思想比较超前，接受能力也比较强，首先要把年轻人统一起来，让年轻人认识到必须要改变面貌，靠自己的努力走出困境，再由年轻人通过自己的行动来带动和感染老职工。”符国槐拉上几个志同道合且有干劲儿的年轻人，每天在一起讨论、商量、寻找发展突破口。

步履维艰

没有了“鸡鸭猪”，使“小钱”的来源都断了。“服务”到底该搞什么？如何搞？大家提出了各种思路。但是都离不开一个前提——搬站！

“慈溪气象站在这样一个偏僻的小镇,交通不便、信息闭塞,隔壁还是个牧场,一年到头臭烘烘的,别说有偿服务,就是连基本公共服务都做不到位。只有站搬到县城来,才能彻底打翻身仗。”

但是,“搬站”谈何容易!政府和国家气象局都要同意。“如何才能得到政府支持?”让符国槐很头疼:站所在地庵东距县城比较远,预报服务一般都用邮寄或电话方式服务,一年到头也见不到一次政府领导,如果直接上门,被拒绝是一定的。思前想后,符国槐觉得还是先忍一忍:

“气象站要想改变面貌,必须要引起地方政府的重视,而要想引起重视,就不能关起门来做事,要为政府做好服务,同时,预报本来是要给老百姓听的,也得为百姓做好服务。”

慈溪气象站一改简单的服务方式,把为市领导的服务拟成详细的书面材料,符国槐亲自送到市委、市政府及市人大、市政协等领导的手中。开始连门口的小兵都要把他拦住,后来慢慢去得多了,门也敞开了,就这样坚持,一次次送。当有重要内容时,符国槐还会进一步解释,口头汇报。慢慢地政府领导对符国槐的印象也从不认识到认识,再到熟识。

荣获嘉奖

1988 年 8 月 8 日,是浙江的噩梦。8807 号台风带来了巨大灾难,共造成 162 人死亡,房屋倒塌 5 万多间,树木被刮倒 150 万枝。其中,杭州灾情特别严重,26000 多棵树被刮倒。交通、通信、供水、供电中断,损失惨重。浙江省各级政府领导高度重视气象工作。

慈溪的气象服务在这一年彰显了优势,因做好了重要的农事气象服务和 8807 号台风的气象服务,受到了政府的通令嘉奖,奖励了 5000 元。慈溪市气象局职工从来没有想到政府会给钱:“自己部门里面要 2000 块钱,都要打书面报告,跟这个局长、那个局长汇报,而且能不能批还是个问题。但是县政府一次性奖励就有 5000 块,真是解决了大问题。”

局长符国槐此时也有了新的思路。信息传递一直是气象服务的难点。1989 年“警报台”刚刚兴起,符国槐了解到还有这么好的东西,决定引进,但是需要一大笔资金。“或许可以找政府要……”符国槐决定试试。当时,分管气象站的是市农经委,农经委主任恰好是主管农业的副县长兼任,符国槐先到农经委汇报:“气象信息传递非常滞后,而且覆盖面也特别窄……气象站到县里太远,交通也不方便,虽然有部电话机,但是电话费很贵,只与县长沟通时才敢用,其他时候都是靠人送,但是人力有限……有了警报台,就方便多了……”农经委主任听了,觉得非常有用:“有了警报台,以后开会可以到你那统一指挥”。当即决定让市财政一次性投入 2 万元,帮气象站引入警报台。农经委从专项基金里每年划拨 6000 元作为维护费。

当时，这笔钱可谓是“大数额”了。

慈溪气象站建起了当时为数不多的气象警报台，并很快在市委、市政府机关及“三防”系统安装了气象警报器，又逐步扩展到全市乡镇，组成了快速传递气象信息的服务网络。

服务手段先进了，慈溪市气象局开始研究讨论如何拓展服务面，他们发现当地的窑厂特别多，泥胚需要晒干后才能进窑烧，烧好的泥砖也特别怕雷雨，一旦被雨淋到，重新做的成本比没做时还高。“气象预报对他们太重要了”，慈溪市气象局从窑厂入手开展服务。职工们骑着自行车一家家去跑去谈，果不其然，尽管每年500元的费用不低，但却很受窑厂欢迎。

与此同时，外部门知道后也用这个系统和气象站联系，政府领导和各部门领导对气象站也越来越熟悉。县长对气象的印象更好了：“气象是真正做实事了，给你这么点钱，居然你的气象预报、警报全市都可以覆盖了，这是了不得的。”

1989年，慈溪气象站获得了宁波市政府颁发的“宁波市农业丰收三等奖”。1990年，政府领导亲临气象站慰问全体职工。当看到如此破旧的办公房，听到职工的难处时，明确表示：“你们辛苦了，你们工作很出色，气象站存在的困难，地方政府有责任帮助你们解决。”

1991年春天，《气象站迁往县城浒山镇的方案》经上级气象部门批准、当地政府同意正式立项。办公楼、土地都由慈溪市政府支持建设，宿舍楼由宁波市气象局支持建设。职工们以特有的热情迅速投入到这项开创基业的工程建设中。新站于1992年1月1日正式开始观测，办公条件得到了极大的改善，同时每个职工也分得了一套新房。

6年了，但符国槐觉得一切刚刚开始：“客观环境的改善仅仅是创造了发展的条件，职工们还面对着国家指令性任务重(地面、农气为国家基本站)、内部结构单一、服务徘徊不前、事业费紧缺等一系列问题……”

内部改革

1992年春，符国槐在学习邓小平“南方谈话”时深受感染：“现在整个社会都动了起来，气象部门也要来一次思想大解放，为什么把自己捆绑得这么牢呢？气象部门也应该跟着这个潮流大踏步走。”

“改革首先要从内部改革上下功夫。”很快，慈溪市气象局制定了“专业有偿服务承包方案”(简称“方案”)。“方案”打破了单一基本业务的机构设置和大锅饭的分配方式，增设了专业有偿服务科，以公平竞争的方式公开招标。新出台的改革方案运行1年，有偿服务收入由原来的3万元左右，一跃而上，突破10万元大关。

1993年春，在气象部门普遍推行事业结构调整的大背景下，慈溪市气象局推出了系统的改革方案即《慈溪市气象局综合改革方案》，方案在机构设置、人员安排上作了力度较大的调整,使从事气象科技服务的人员从原来的 10% 提高到了 40%,各机构按完成工作指标高低、工作质量的好坏进行奖罚。改革方案运行两年,各项工作均达到市气象局目标考核优秀单位的要求,综合创收突破 30 万元。

正当符国槐欣喜于单位开始大踏步前进之时,矛盾再次袭来。单位内部 60% 搞业务的职工开始不满,经常发牢骚"同在一个单位,搞创收的比我多好几倍!"原来承包机制有好的一面,也有不好的一面。承包的额度很大,超过承包额度至少 30%,可以作为奖金,归具体做事的职工,比如超过 10 万,奖金就得 3 万,这种分配制度导致职工之间收入差距很大。很多做业务的职工也无心业务,一心想去搞经营。

符国槐认识到这个问题很严重,果断结束了承包机制,采用了目标考核的机制——制定一个目标,超出目标给一定的奖励,但不承包。如此一来,过去搞创收的人又不高兴了,收入降了太多,一些人竟然跑到了宁波市气象局去闹。但符国槐结束"承包制"的心是坚决的:"这个问题绝不仅仅是人与人之间的矛盾,更重要的是气象局不能一味地变成搞钱的单位,气象局的主业是要用气象科技的所得为老百姓服务,业务绝对不能丢,而且要更强。"市气象局也慢慢劝退了去闹的职工:"差距太大,不利于团结,也不合理。这个钱虽然是你们做事所得,但是单位给你创造的平台,不是你一个人的功劳……"慢慢地,抱怨声平息了,做业务的职工也开始一心投入到工作中,各尽其责。

当年,慈溪市气象局的气象服务、基础业务均达到优秀站指标,综合创收也名列全省同级前列。

服务方式

随着时间的推移,慈溪市气象局的服务覆盖面越来越广,收入也逐年攀升。

1995 年初,党中央、国务院连续 3 次召开了有关农业的会议,根据政府的工作部署,慈溪市气象局提出了"加强气象为农服务的计划",其中"充分发挥气象警报台的作用,把气象科技警报网扩大到村级,并用以点带面的形式逐步推广"的工作思路,得到了政府领导的认可和支持。利用春播期重要农事季节的时机,符国槐亲自带队,驱车跑遍了全市 22 个镇(乡)、走访了 44 个村,送上气象预报资料,为他们安装气象警报器,镇村干部和农民群众都特别欢迎。

1996 年,开始制作电视天气预报,自己编辑、制作,并向社会公开招聘电视天气预报节目主持人。气象影视广告创收第一年超过 20 万元。

1997 年,电脑刚刚兴起,气象部门是高科技部门,有设备,还有人才。慈溪市气象局向政府领导提出了以组建气象微机局域网为核心的现代化建设总体思路和计划,得到了政府领导的重视和支持,7 月底相继建成了卫星资料接收站、微机局域网,8 月初投入正常业务使用,并同时开始提供终端服务。当时社会上开始搞电脑培训，符国槐觉得气象局技术和人才都有，也可以做培训。慈溪市气象局办了三期计算机培训班，对象是书记、市长、各乡镇长。一方面政府领导都过来学，有利于沟通；另一方面，可以树立在各乡镇的形象，有利于开展工作。办班的过程中，符国槐了解到“农业信息网”在全国开始建设，他马上给政府领导打了报告，表示气象部门有设备、有技术，还有人员。政府给予了大力支持，慈溪市气象局建了全国气象部门第一家“农业信息网”，网络覆盖到各个乡镇。这一年，符国槐当选为“宁波市人大代表”。

日子越来越好过，职工们干劲儿十足：“从庵东那么破破烂烂的地方搬到浒山县城，收入不断增长，1992 年很多单位没有房子，我们还分到了房。只有单位发展了，我们的日子也才会越过越好。”

但是符国槐心中始终有一种说不出的“失落感”：“气象部门在社会上的地位太低了，老百姓提到气象部门就说‘天气预报报得不准！’”

探索切入

符国槐从农村考上中专，拿到录取通知书那天，家里没钱，是村里这家两块钱，那家一块钱，凑起来供他去读书的。“因为这个记忆，我一直对农村、农民怀着一种非常纯朴的感恩的心。”家里 4 个兄弟都是农民，每次他回家接触的也都是农民，经常会提到“今年的天气怎么这么差，今年的年景会不太好……”从参加工作那一天开始，符国槐就一心想从气象的角度为农民做点什么，但那时候还没有能力，气象的基础设施都很落后，现代化还远远跟不上，通信手段也解决不了，只能是小范围的偶尔报准了。

2005 年，党的十六届五中全会提出“建设社会主义新农村”的重大任务。符国槐觉得条件成熟了，一定要为农民做点实事：“我气象局长能做的就是服务，过去力不从心，现在气象科技到了这一步，已经可以为农民做点事情了。”

当时，慈溪的农业结构已经开始由传统农业向现代农业转变，设施农业（大棚栽培）发展得特别快，达到 2 万余亩。和农民聊天时，符国槐了解到：设施农业效益虽好，但一旦遭灾，损失也很大。比如，一个雷雨大风，大棚就可能被吹掉，一次强冷空气来了，作物就可能冻掉，农民血本无归；而农民在摸索实施过程中也遇到很多问题，比如种了 3 年以后，土地盐碱化了，农民却不知道是怎么回事等。

“农民都利用这种设施来改善小气候，我们搞农业气象这么多年，气象人不去做，就是不作为！”符国槐决定就从这里切入！

小心求证

虽然有了想法，但是当真正开始做时，却发现没有现成的模式可以模仿。“先做个小范围实验,积累经验。"2006 年,慈溪市气象局投资 19 万元,在慈溪市农业局创新园区的 3 个草莓大棚内安装了 ZOZ-A 自动气象站,对大棚内部的光照、湿度、温度、二氧化碳含量、土壤温度等大棚内部小气候进行实时监测。同时,监测的结果通过无线网络传送到慈溪市气象局的"慈溪市农业大棚小气候实时监测系统",进行数据分析和整理。又在每个乡镇挑选 2 个以大棚设施农业为主、规模相对比较大、相对知识水平和种地水平较高的农业大户,作为试点服务的对象,共计 32 个。服务方式是短信服务,内容为天气预报。

下半年,慈溪市气象局获得了宁波市气象局的支持项目,联合市农业局科技人员,开展《农业气象要素在大棚栽培中的变化规律与配套应用研究》的课题研究,并为此建立了农业气象实验室。在慈溪市农业局的现代农业创新园区内安装了自动气象观测设备,观测积累大棚内外光照、气温、湿度、土壤温度与湿度的变化规律,用于研究设施农业下气象服务的有效途径和农业技术措施。

转眼到了年底,为了进一步了解农户需求,慈溪市气象局召开了与农民的座谈会。原计划只是试点的 32 户代表参加,没想到一传十、十传百,周边的农户都知道了,有 100 多户来,都提出要气象局提供的服务信息。

虽然农户的需求很旺盛,但是符国槐心里没底,觉得此时并未到全面推广的时机:"搞气象的人就是这样,要么不服务,要服务一手资料肯定要有。"但可以适当扩大范围,他给政府领导打了报告,政府发文"种植大棚 5 亩地以上的农户报送信息,通过乡镇和村,报到气象局,气象局免费提供气象信息服务。"

就这样,慈溪市气象局逐步扩大服务对象。3 年后,经过翔实的数据资料分析后,符国槐和同事们长舒了一口气:"事实证明,真的很管用!整个大棚里的光、温、水的变化,跟外界是密切相关的,而且很有规律,晚上曲线是怎么走的,白天是怎么走的,太阳一出又是怎么样的,温度低的时候又是怎么样的……一系列的规律都掌握了。"

有了科学证明和数据支撑,全面推广到了时机!

精耕细作

2009 年,慈溪市气象局开始拓展观测基地,在市现代农业示范园区内,建立了占地 50 亩的农业综合气象监测基地,建立了与大多数农户一致的 20 个农业大棚,并配备 3 套大棚气象要素自动观测设备,开展大棚内外光照、气温、湿度、土壤温湿度、二氧化碳等气象要素对比观测,分析研究其变化特点,通过手机短信等方式指导农户根据不同农作物生长的气象环境,对棚内气象要素进行科学控制与调节,实现了农业气象服务的突破和创新。

此时,农户提的建议也越来越多、越来越细。2009 年底,很多农户表示"虽然有气象预报,但是我们不知道怎么去应对"。

2010年,慈溪市气象局与当地农技部门合作,通过手机短信的方式将天气预报、大棚内部"小气候"实况与预报、农技专家对大棚作物的指导意见等农用信息免费发送给当地3000位大棚作物种植大户。推出了更加精细化的农用气象预报。

3月18日下午,当慈溪三江口村的大棚种植大户符国樟如同往常一样打开手机,却发现短信里多了一个"建议":"预计今后几天以连阴雨天气为主,气温6～15℃,明天棚内最低温度为8℃,湿度超过90%。建议:深挖沟渠降低水位,草莓及茄果类作物午后适当开棚排湿,清理病残老叶,注意防病,刚移栽的瓜苗闭棚保温。"

农用气象预报分每日、每周、每半月3种类型,每天发布的内容主要包括天气预报、大棚内温湿度预报及实况、相应的建议措施。发布的渠道主要有手机短信、电视天气预报、电台、网站和报纸等方式。

此外,慈溪市气象局和农业部门的专家还深入田间地头,开展大棚小气候技术指导。一旦遇到农户因大棚小气候知识缺乏带来灾害时,气象工作人员总是第一时间赶到现场,进行处理。

慈溪市气象局每年用于气象为农服务的投入达到100万元,服务方式在不断拓展,服务内容和产品不断丰富:免费为农户发送实用气象信息;每年举办1～2次"年度气象为农服务座谈会暨农业气象技术培训班";建立了慈溪气象农业服务网络平台、慈溪乡镇气象服务网络平台,传播农技知识、推介改良作物新品种、发布病虫情报等农事信息;编制了设施农业产品分类与指南、气象为农服务联系卡、气象为农服务产品目录;定期走访慈溪市农业局农技专家及慈溪各个镇种植大户,搜集反馈信息和服务需求,遇到复杂天气和灾害来临,不定期走访调查;受农业大户委托开展农产品气候品质论证。

在不断与农户交流的过程中,慈溪市气象局也总结了很多农户们积累下来的经验,并及时与农户们分享,如农户提供的防风防雪措施。同时,农户也提出了很多研究问题:大棚新旧膜效益对比的问题,草莓定植期预报问题,大棚葡萄及大棚杨梅在关键生育期的精细化预报等问题。这些都是亟待研究的,但是仅靠一举之力非常有限,也不可能完成。

"一定要借助外力,联合社会资源共同来做。"符国槐联系了南京信息工程大学,慈溪市气象局与其建立起了科研合作机制,开展设施农业小气候变化规律的应用研究,联合建立科研与成果转化基地、实验实习基地;与市农业局合作开展农业气象科研及农作物新品种栽培种植试验,开发了多种农业气象服务产品。

2012—2013年,慈溪市气象局又进一步延伸了农业气象观测服务的触角。会同逍林镇政府等相关镇在全市7个现代农业基地内筹建了农业气象观测服务站,将农业气象观测由点拓展到面。据农户反映、调查和农业专家估测,通过日常的设施农业气象服务,让农户增效,包括以下几个方面:根据短期天气预报和7天天气预报,让农户合理地安排农事生产,提高了工作效率,减少了无效劳动;选择合适的设施作物种植时间;设施大棚内气象要素预报、预警和相应农技服务措施建议,提高了农户应对天气变化的能力,也让农户减少了一些不必要的设施大棚管理操作,提高了劳动效率。

各方关注

慈溪市气象局的"为农服务"得到了农户的好评:"农用气象预报已成为我们减灾增收不可或缺的技术信息""气象局为老百姓服务,不是口头上的一句空话,而是实实在在落到了实处。我们提出了什么问题,他们就会尽力去帮助解决,这是我们最开心的!"

2012 年,根据群众投票(老百姓占 50%、各阶层领导 50%),慈溪市气象局第一次被当地政府评为"十佳部门"。2014 年又再次被评为"十佳部门"。

慈溪气象为农服务也成为各大媒体关注和报道的焦点:2010 年,中央电视台七套《聚焦"三农"》的新闻栏目,以《浙江慈溪:"小气候"预报种植户受益》为题,报道了慈溪气象为设施农业服务;2011 年,《人民日报》在第六版新农村版块以《预报从田间地头发出》为题,详细报道了慈溪气象为农服务的事迹;中国气象频道以《气象为农:宁波慈溪"田间地头"发气象预报》为题报道;中国气象报《服务接地气,科技作支撑——慈溪气象局创新为农服务侧记》……兄弟单位也接踵而至,过来"取经"。

永无止境

2014 年 3 月,微信刚刚兴起,慈溪市气象局迅速开通了"慈溪气象"官方微信和微信公众平台,"慈溪气象"每天定时发送气象信息的,"慈溪灾害天气临近预警"注重灾害性天气过程期间的信息发布和预警。

年终总结会上,符国槐对职工们说:"天气预报的产品出来,相当是做好了一块布,但这块布怎么做成各种各样漂亮的衣服,让各种社会的人群能充分地吸收我们的信息,来用我们的信息,要动脑筋做出人家没有的东西来,这是今后几年主攻的一个目标。"

【思考题】

1. 结合案例谈谈公共气象服务发展中有哪些变化?做好基层公共气象服务有怎样的意义?

2. 谈谈慈溪公共气象服务发展中,有哪些经验值得借鉴?

【要点分析】

本案例涉及如下两个理论要点：

一、基层公共气象服务发展的重要内容

气象服务是立业之本，是整个气象工作的生命线。2008 年第五次全国气象服务工作会议，明确了公共气象服务的发展定位和发展目标。即公共气象服务是政府公共服务的重要组成部分，属于基础性公共服务范畴，是建设服务型政府的重要组成部分；公共气象服务是气象部门使用公共资源和公共权力提供气象信息和技术的过程，包括决策服务、公众服务和专业服务；公益性是气象服务的本质属性。

县级气象机构是我国气象事业的基础，是基层气象防灾减灾和公共气象服务的组织主体，也是气象社会管理落到基层的实施主体。县级气象机构公共气象服务的创新和发展要把握如下几个方面：

第一，要牢固树立以用户为中心融合式发展的理念，只有用户融得进、用得到、用得好、用得方便才能体现其真正的价值，才能取得真正的效益。

第二，要采取多种机制促进公共气象服务的发展，构建政府主导、市场资源配置、社会力量参与的气象服务格局，正确处理社会效益与经济效益的关系。

第三，基层公共气象服务的发展过程也是一个资源不断积累的过程。其中，有形资源是基础，同时更应注意无形资源的积累与沉淀，从而建立起长效机制，实现可持续发展。

二、基层气象管理创新的基本框架

气象管理创新是指基于气象部门的特点及气象事业的特点，引入或开发一种新的理念/结构/制度/方法来执行管理工作，从实质上或能显著改变管理工作，进而对气象事业发展产生积极的影响和作用。

从内容上来看，气象管理创新包括——管理理念创新、组织体系创新、管理方法创新、管理制度创新。

基层公共气象服务实践者，可以从这一体系框架出发，基于本案例，结合自身工作，找到通过管理创新做好基层公共气象服务的切入点和入手点。